D1560947

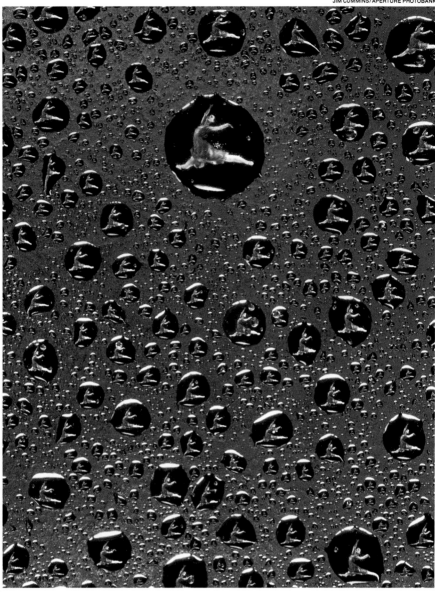

Reflejada en las gotas de agua sobre un trozo de vidrio, la bailarina salta, salta... y salta. Cada gotita actúa como una lente. Este tipo de lente produce una imagen invertida. La fotografía ha sido invertida para que la bailarina aparezca del lado correcto. Se colocó un vidrio sobre una foto de ella. El agua actúa también como espejo. Sabrás por qué en la página 54.

Los Porqués
DE NUESTRO MUNDO

NATIONAL
GEOGRAPHIC
SOCIETY

Contenido

CUBIERTA: No es una bola de cristal, pero te invita a echarle un vistazo a las hojas de este libro. Te esperan grandes sorpresas. ¿Puedes adivinar qué es lo que brilla en la cubierta? Busca la página 95.
ROBERTO VILLA / LEO DE WYS INC.

COMO TORRES VIGÍAS VIVIENTES, las jirafas están atentas contra el peligro en la estepa africana. El largo cuello les ayuda a ver a grandes distancias y pueden descubrir un león a tiempo. También les permite alcanzar los brotes tiernos de los árboles.
© MARION PATTERSON / NAT'L AUDUBON SOC. COLL. / PHOTO RESEARCHERS, INC.

Edición en español
Copyright © 1993 C.D. Stampley Enterprises, Inc., Charlotte, NC USA
Todos los derechos reservados
ISBN 0-915741-48-2

Copyright © 1985 National Geographic Society, Washington, DC USA
All rights reserved

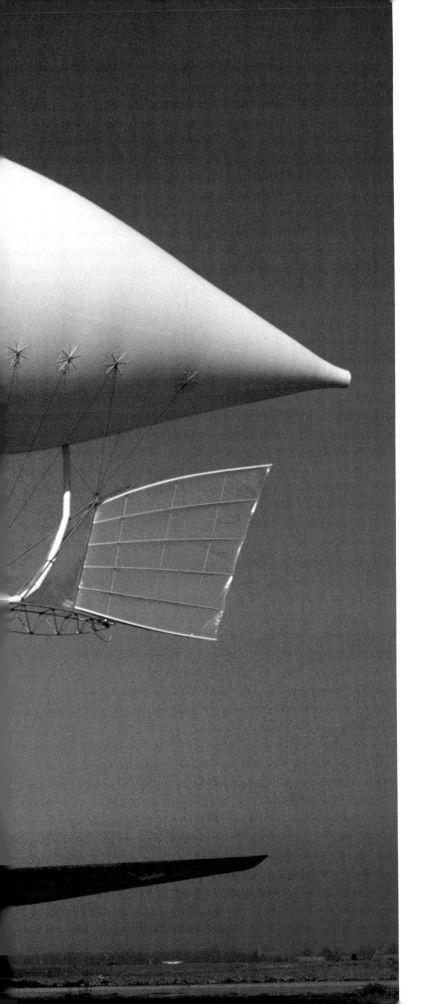

Preguntas...

¿En qué piensas cuando ves esta foto? Se te ocurre preguntar, por ejemplo: *¿Qué es esa máquina voladora tan rara? ¿Qué clase de avión es el que está en tierra? ¿Quién es ese hombre? ¿Qué hace?*

Las respuestas son muy sencillas. La extraña máquina voladora es una nave llamada *Enano Blanco*. El avión es un Comando C-46. El hombre es un piloto de pruebas, Bryan Allen, quien está probando la nave mientras permanece sujeta al suelo con cables llamados ronzales.

¿Despiertan tu curiosidad las respuestas? Puede que te inciten a hacer preguntas más complicadas: *¿Cómo se mantiene en el aire el Enano Blanco? ¿Cómo se mueve de un lugar a otro?* El helio, un gas más ligero que el aire, mantiene al *Enano Blanco* suspendido en lo alto. La energía producida por los pedales lo mueve.

Las preguntas de "por qué" son quizá las más difíciles de contestar. *¿Por qué se murieron los dinosaurios?* Encontrarás esta pregunta en la página 78. Cuando leas la respuesta, descubrirás que los científicos tienen varias explicaciones sobre la desaparición de los dinosaurios, pero aún no saben cuál es la correcta.

En *Los Porqués de Nuestro Mundo* encontrarás muchas preguntas, hechas por lectores curiosos como tú. *¿Sueñan los perros y los gatos? ¿Qué es una galaxia? ¿Por qué es azul el cielo? ¿Cómo se forma un huracán?*

Te preguntarás por qué no todas las preguntas de este libro empiezan con "por qué"; pues, ¡porque las preguntas que hacen los lectores son tan variadas como los lectores mismos!

Tu Cuerpo Maravilloso

¿Por qué me da hipo?

¡Hip! De pronto, de tu boca sale un ruido gracioso: *¡hip!,* y otra vez. Lo que ocurre es esto: un músculo ancho y curvo llamado diafragma separa tus pulmones del abdomen. Normalmente, ayuda a llenar tus pulmones de aire a paso relajado. Ahora, se mueve en espasmos repentinos. Con cada uno, el aire entra a tus pulmones rápidamente. Tus cuerdas vocales reaccionan cerrándose de golpe, impidiendo el paso del aire. El aire que choca contra las cuerdas vocales produce el sonido. Nadie está seguro de qué es lo que ocasiona el hipo, aunque suele ocurrir cuando comes, ríes o lloras, o si tragas aire. Se aconsejan ciertas "curas": comer azúcar, retener la respiración o recibir un susto. Por suerte, el hipo desaparece en poco tiempo.

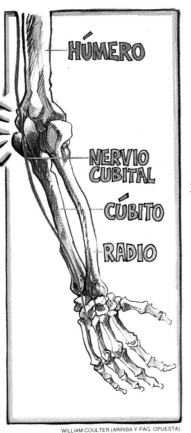

HÚMERO

NERVIO CUBITAL

CÚBITO

RADIO

WILLIAM COULTER (ARRIBA Y PÁG. OPUESTA)

¿Por qué me duele cuando me pego en el codo?

¿A qué se debe ese dolor intenso? El codo conecta el hueso del brazo superior (*húmero*) con los dos huesos del antebrazo (*radio y cúbito*). El calambre que sientes cuando te golpeas el codo viene de un nervio, el nervio cubital, que, como puedes ver en la ilustración, se extiende desde el hombro hasta la mano.

Cuando este nervio se presiona entre los huesos y un objeto duro, las señales de la presión llegan al cerebro a una velocidad de unos 300 kilómetros por hora y sentimos dolor. A diferencia de otros nervios, que están protegidos por capas de músculos, el nervio cubital cruza el codo muy cerca de la superficie de la piel. Cuando esta niña se golpeó el codo, se le comprimió el nervio cubital. Aunque el golpe no fue fuerte, el dolor que siente sí lo es.

JAY LURIE / WEST STOCK

¿Por qué los bebés tienen partes blandas en la cabeza?

Si esta niña ve con atención la cabeza de su hermanito de tres días de edad, podrá advertir un pulso que late. El pulso vibra bajo la capa de piel en forma de diamante que cubre la parte blanda. Las placas óseas que forman el cráneo del bebé son blandas y están desunidas. Las aberturas entre los huesos se llaman fontanelas o partes blandas.

El recién nacido tiene, por lo general, seis fontanelas. La más grande es la que está encima de la cabeza hacia atrás. Durante el parto, el bebé pasa por un orificio muy pequeño del cuerpo de la madre. El cráneo se aprieta y las placas pueden sobreponerse, cubriendo las fontanelas. Poco después de nacer, el cráneo vuelve a su forma natural y se separan las fontanelas. Al cabo de unos tres meses, el cráneo comienza a endurecerse. Se forman huesos nuevos que se unen, llenando las aberturas. Este proceso tarda unos dos años. Mientras tanto, la persona que cargue al bebé debe tener cuidado y protegerle la cabeza.

¿Por qué se me arruga la piel en la tina?

Algunas partes del cuerpo humano, especialmente las manos y los pies, se mueven continuamente. Caminas y corres con los pies; y usas las manos en casi todas tus otras actividades. Pero estas partes de tu cuerpo cuentan con un equipo que ayuda a soportar la presión. Una capa de proteína cubre tu piel, protegiéndola e impermeabilizándola. Las palmas de las manos y las plantas de los pies tienen una capa muy gruesa de esta proteína llamada queratina. La queratina de los dedos de las manos y de tus pies no está muy adherida. ¿Qué ocurre cuando pasas mucho tiempo en la tina? Se te arrugan los dedos de las manos y de los pies. El agua penetra la capa gruesa de queratina, que se estira, como le pasa a un suéter puesto en agua. La piel entonces cuelga, formándose las arrugas.

WILLIAM COULTER (TODAS)

¿Por qué se me tapan los oídos en el avión?

Los tímpanos, trozos de piel que cubren la entrada del oído medio, son muy sensibles a los cambios de presión. Normalmente, la presión dentro de los oídos es igual a la presión del aire que nos rodea.

Al despegar el avión, la presión afuera del oído es menor que la de dentro. Los tímpanos se abultan hacia afuera y luego regresan a su posición normal con un ruido seco. Sientes una molestia hasta que unos conductos llamados trompas de Eustaquio se abren, permitiendo que salga rápidamente el aire del oído medio. Se puede hacer que esto ocurra más rápido al bostezar, tragar o mascar chicle. Una vez en el aire, la presión de dentro y de fuera del oído se mantiene igual, hasta que el avión empieza a aterrizar. Entonces, se vuelven a tapar otra vez.

¿Por qué ronca la gente?

Zzzzzz. Un zumbido llena la habitación. No se trata de una sierra; es alguien que duerme plácidamente y que hace un escándalo al roncar.

Mucha gente ronca. Algunos roncan toda la noche. Otros, de vez en cuando. En general, quienes roncan lo hacen cuando duermen boca arriba como este niño de la ilustración de abajo.

Quizá alguna vez has usado el tallo de una hierba para hacer un silbato. Cuando soplas en el tallo hueco, vibra y produce un sonido. Los ronquidos se producen de manera parecida. Al estar acostado el niño, la gravedad empuja la lengua hacia atrás. La gravedad también afecta a otros tejidos blandos, como la pequeña masa carnosa que cuelga al fondo de la garganta y que se llama úvula. Estos tejidos cierran parcialmente el paso del aire a los pulmones. Al inhalar aire, éste entra rápidamente por la abertura estrecha y hace vibrar las partes blandas de la boca. Esto provoca los ruidos que hacemos al roncar. Algunas veces los ronquidos son tan molestos que se busca una solución médica.

Curiosidades Animales

¿Sueñan los perros y los gatos?

Si "Don Gato" se hubiera caído realmente del tejado, con seguridad lo habría soñado esa misma noche. Los perros y los gatos sí sueñan. En sus sueños, probablemente reviven los sucesos emocionantes o los sustos del día.

Los científicos estudiaron a un grupo de gatos mientras dormían y descubrieron que, primero, entraban en un estado de sueño lento: sus ojos se movían lentamente bajo los párpados. Luego, los ojos comenzaban a moverse rápidamente y a sacudidas. El registro de sus ondas cerebrales demostró que los animales se encontraban en un estado de sueño rápido (REM) (del inglés, *rapid eye movement*). A lo largo de su sueño, los animales alternaron entre el sueño lento profundo y el REM.

El ser humano tiene los mismos estados de sueño. Se ha demostrado que únicamente soñamos durante el REM y se piensa que los perros y los gatos también lo hacen. Se cree que el período de REM resulta útil para los gatos y los perros, pues durante él, los animales tienen un sueño ligero. Se despiertan de vez en cuando para observar si hay peligro.

El perro que sueña puede gemir, jadear, ladrar y mover la cola. A veces, hace movimientos como si corriera. El gato es más callado, pero puede retorcerse o dar zarpazos.

Si tu mascota parece inquieta mientras duerme, no te preocupes. Está en el mundo de los sueños.

WILLIAM COULTER

¿Por qué jadean los perros?

El husky siberiano de la izquierda jadea para enfriarse. Todos los perros sacan la lengua y jadean cuando tienen mucho calor. A diferencia de la gente, los perros no se refrescan al sudar. Cuando tú sudas, las gotas de sudor en tu piel se evaporan. Al escapar la humedad al aire, te enfría. Cuando el perro jadea, su aliento saca la humedad de la boca, nariz y pulmones y el perro se enfría.

¿Por qué pueden nadar los perros si no se les ha enseñado?

Los perros nacen con una habilidad natural para nadar. Un cachorrito de un mes que nunca ha estado en el agua mueve sus patas como si nadara cuando lo sostienes en la tina. Cuando cumple los dos meses, el cachorro puede nadar muy bien. Los perros y otros animales de cuatro patas tienen dos ventajas. Cuando se meten al agua, ya están en posición para flotar. Y dado que su peso está muy bien distribuido, flotan fácilmente. Algunas razas de perros como este labrador pueden nadar grandes distancias. Sin embargo, algunos perros le tienen miedo al agua y hay que tener mucha paciencia para obligarlos a nadar.

¿Cómo y por qué ronronea un gato?

Según un cuento antiguo, cierto príncipe moribundo sólo podía salvarse si una princesa que lo amara podía hilar 10,000 carretes de hilo en unas pocas semanas. La princesa no podía hacer el trabajo sola. Sus tres gatos la ayudaron y trabajaron arduamente con tres pequeñas ruecas. Por sus esfuerzos, a los gatos se les premió con la habilidad de ronronear, emitir un sonido como el ruido de la rueca.

La gente se ha deleitado durante mucho tiempo con el ronroneo de los gatos. Pero hasta hace poco no se sabía exactamente cómo producían este sonido. Ahora se sabe que el gato tiene la habilidad de estrechar la laringe, una especie de caja de resonancia. El aire pasa a través de la laringe al ir y venir de los pulmones. Al estrecharse el paso, el gato altera el flujo uniforme del aire. Éste se deja oír entonces como un ronroneo. Si escuchas con atención, oirás tonos distintos cuando el gato inhala y exhala.

Las gatas ronronean cuando alimentan a sus pequeños, y los gatitos cuando maman. Los gatos ronronean al encontrar a otros gatos o a la gente. Podría decirse que su ronroneo es como la sonrisa en el hombre. Pero, a veces, resulta más difícil explicar su significado, pues el gato puede ronronear cuando está próximo a morir.

Los gatos grandes (leones y tigres) ronronean como los domésticos, pero éstos, por suerte para sus dueños, no rugen como hacen los leones y los tigres.

¿Cómo hablan los loros?

Si quieres guardar un secreto, no se lo cuentes a un loro: puede que lo divulgue.

Los loros pueden imitar los sonidos del lenguaje humano en cualquier idioma. El órgano vocal del pájaro, llamado siringe, produce los sonidos. Los músculos de la siringe se contraen y se relajan de manera alterna, permitiendo que el pájaro emita sonidos.

Cuando están libres, los loros imitan sólo los sonidos de otros loros. Los domésticos imitan una gran variedad de sonidos; imitan a los perros que ladran y a las puertas que rechinan, y silban y cantan. ¡También imitan a sus dueños!

Los loros son capaces de asociar un sonido con otro. Por esto, se puede entrenar a un loro a responder al sonar el teléfono y a una voz humana que diga "¡bueno!", por ejemplo. El loro asociará el ruido del teléfono con la palabra. Pronto chillará "¡bueno!" cada vez que suene el teléfono.

Los loros son los pájaros parlanchines más conocidos del mundo de las aves, pero otros pájaros como la urraca, la cotorra y el cuervo también pueden imitar el lenguaje humano.

WILLIAM COULTER

12

¿Por qué pueden los perros oír sonidos que no oyen los humanos?

Cuando este niño toca el silbato, su perro levanta las orejas y corre hacia él. El niño tiene un silbato de Galtón, o silencioso. El perro lo oye y el niño no.

Los sonidos "silenciosos", los que no puedes oír, te rodean todo el tiempo. Los perros pueden oír más de estos sonidos que tú. Pueden percibir sonidos que son demasiado altos para que los detecten tus oídos. También pueden oír sonidos más débiles que los que tú oyes.

Cuando un objeto se mueve y perturba el aire, éste emite vibraciones. Estas vibraciones se llaman ondas sonoras. Las ondas sonoras viajan a distintas velocidades. Cuantas más vibraciones haya por segundo, más alto es el tono del sonido. El canto de un pájaro, por ejemplo, produce más vibraciones que las que emite un violoncelo.

El oído es un receptor de sonidos. Cuando las ondas vibran chocan contra tu oído o el de tu perro, y empiezan a vibrar unos huesecillos. Uno de ellos hace vibrar un líquido en la parte del oído llamada cóclea. Ahí, las células transforman las vibraciones en impulsos nerviosos que van al cerebro. El oído humano puede percibir sonidos que vibran entre 20 y 20,000 veces por segundo. Los perros tienen una cóclea más sensitiva, que detecta hasta 50,000 vibraciones.

Además de poder oír sonidos más altos y bajos que los que tú oyes, tu perro puede distinguir entre sonidos muy parecidos. Si has entrenado a tu perro a acercarse cuando tocas un silbato silencioso, o un silbato que tú puedes oír, no lo cambies. Tu mascota no le hará caso a un sonido nuevo.

¡A Comer!

¿Cómo puede una serpiente tragarse algo más grande que su cabeza?

¿Puedes abrir tu boca lo suficiente como para tragarte un balón de fútbol? ¡Por supuesto que no! Pero, si pudieras, eso sería muy parecido a lo que hacen con toda facilidad muchas serpientes.

Las serpientes que se tragan entera su comida tienen que poder abrir sus bocas más de lo normal. La estructura de su mandíbula inferior les ayuda a hacerlo. La mandíbula inferior se divide en dos mitades: izquierda y derecha. En el frente, las dos mitades están unidas con un tejido conectivo flexible que permite que se estiren. Unos huesos en el cráneo actúan como palancas y hacen que las mitades se extiendan hacia abajo. Mira (derecha) cuánto abre la boca la serpiente africana come-huevos.

¡Gulp! Cuando la serpiente se traga el huevo, parte de su cuerpo se hincha (abajo). La piel de su cabeza y cuello se estira mucho. Los músculos del cuello aprietan al huevo contra la parte ventral de las vértebras del espinazo de la serpiente. Al romperse la cáscara, la parte líquida del huevo se mueve hacia el estómago de la serpiente. La serpiente escupe la cáscara rota.

JOHN VISSER/BRUCE COLEMAN INC.

JOHN VISSER/BRUCE COLEMAN LTD.

¿Por qué meten la cabeza en el agua los patos?

Cuando te da hambre, vas a la cocina. Cuando algunos patos deciden que es hora de comer, se zambullen como los dos patos silvestres de arriba. Si pudieras ver debajo del agua, observarías que los patos estiran sus cuellos y buscan comida. Con los picos, encuentran semillas y otras "golosinas" en el lodo del fondo del estanque.

Los patos silvestres son muy comunes en muchas partes y se les conoce por su costumbre de meter la cabeza en el agua poco profunda para alimentarse. Viven en los estanques, lagos, ríos y pantanos de Norteamérica, Europa y Asia.

La próxima vez que veas un pato, espera a ver si se zambulle. Lo verás con el pico dentro del agua y la cola al aire. Si lo hace, sabrás que tiene hambre y está buscando un "bocadillo".

¿Por qué agujerean los suéteres las polillas?

Para tí, un suéter de lana es para abrigarte. Para este insecto es comida. De hecho, la polilla adulta de la ropa no es la criatura destructora que hace agujeros en tus suéteres de lana. Pero las hembras adultas ponen huevos de los que salen unos gusanitos muy hambrientos. Los gusanos llamados larvas se comen los suéteres y las alfombras de lana, los abrigos de piel y los vestidos de seda.

La hembra adulta de la polilla de la ropa pone muchísimos huevos en la ropa o en las alfombras, de los que salen las pequeñas larvas. Inmediatamente empiezan a mordisquear. Las larvas comen principalmente las sustancias de origen animal. Se dan grandes banquetes con la lana de las ovejas, la seda del gusano de seda y la piel de visón, zorro y otros animales. Se comen todo resto animal o vegetal muerto. Normalmente, no comen fibras artificiales, como poliéster, o las fibras de plantas como el algodón.

15

Todos a Una

TERRY DOMICO / EARTH IMAGES (TODAS LAS DE ESTA PÁGINA)

¿Cómo sabe el salmón migrante cómo regresar al lugar donde nació?

1) Los salmones rojos regresan del océano al arroyo de agua dulce donde nacieron. Ahí, ponen sus huevos en nidos de grava. Como todos los salmones del Pacífico, las hembras mueren después de poner los huevos. **2)** La nueva generación de salmones inicia su vida en huevos del tamaño de un chícharo. Puedes ver los ojos de los pececillos dentro de los huevos. **3)** Después de salir del huevo, los salmones jóvenes viven en el agua dulce por un tiempo. A medida que crecen, sus cuerpos cambian para adaptarse al agua salada. Entonces, migran desde miles de ríos y arroyos y se van hacia el mar. Viven uno o más años en el agua salada muy lejos de su lugar de nacimiento. Cuando están listos para reproducirse, regresan al mismo arroyo en el que nacieron.

La migración del salmón es un proceso muy complicado. Se cree que la posición del Sol y las estrellas y las diferencias en los campos magnéticos de la Tierra guían a los peces desde el mar. Las diferencias en la temperatura y la estructura química del agua los ayuda también en su camino. En la costa, donde los ríos y los arroyos llegan al mar, el olfato del salmón se encarga de que éste continúe su curso. El pez recuerda el olor del arroyo en donde nació. Luchando contra la corriente, los adultos siguen este olor hasta el lugar donde comenzó su vida.

¿Cómo pueden florecer plantas en la nieve?

En las laderas del Monte Rainier, en Washington, la nieve y el hielo cubren la tierra la mayor parte del año. Sin embargo, estos dos lirios han brotado de la nieve (arriba). Antes de que los bulbos del lirio empezaran a crecer debajo del suelo, pasaron por un período de enfriamiento. Al mejorar el tiempo y aumentar la temperatura los bulbos brotaron. Los lirios salen en los lugares donde los rayos del sol penetran la nieve y calientan la tierra. Las plantas recién salidas tienen hojas en forma de bala que las ayudan a abrirse camino por entre la nieve. Se pueden ver lirios de la nieve en las laderas de algunas montañas de Estados Unidos y Canadá. Otras flores silvestres de montaña que crecen en lugares helados son el botón de oro y el diente de perro, entre otras.

¿Cómo saben los pájaros cuándo migrar?

Volando en línea recta, las grullas de Canadá se dirigen al norte a su casa de verano. Cada primavera, las grullas vuelan desde México y el sur de los Estados Unidos a Canadá y Alaska. En el otoño, regresan al sur. Muchas clases de pájaros hacen viajes similares cada año. Migran principalmente para encontrar comida y mejores climas y lugares donde alimentar y criar a sus pequeños.

Puede que, como algunos científicos, te hayas preguntado cómo saben las aves migratorias cuándo ir y venir. Los científicos creen que los cambios en las horas del día son la señal más importante. A medida que se alargan los días en la primavera los períodos prolongados de luz solar producen cambios en los cuerpos de los pájaros. Éstos comen más para almacenar grasa que po-

drán utilizar como energía. Se ponen inquietos y pronto se van a sus residencias de verano. Lo mismo pasa en el otoño, cuando los días se vuelven más cortos. Los cambios en el estado del tiempo y la falta de comida pueden también ayudar a los pájaros a saber cuándo es la hora de migrar.

Además de saber en qué momento migrar, los pájaros parecen saber exactamente a dónde van. La mayoría siguen la misma ruta cada año. Para encontrar el camino usan sus sentidos agudos que reaccionan a distintos estímulos. Éstos incluyen señales en el suelo, como ríos y montañas, y la posición del Sol y las estrellas. Los científicos continúan estudiando otros factores que pueden también facilitar el largo recorrido de las aves.

El Mundo Submarino

¿Cómo podemos explorar las profundidades del océano?

Los océanos cubren casi tres cuartos de la superficie terrestre y son difíciles de explorar. Para estar debajo del mar, se necesita equipo especial. Tenemos que protegernos del frío y de la presión del agua que nos rodea; y necesitamos una provisión amplia de oxígeno. Cuanto más se sumerge una persona, mayor es la presión del agua. Los buceadores rara vez se sumergen a más de 61 metros.*

    Para explorar bajo el agua, los ingenieros han inventado unos vehículos llamados sumergibles. Uno de ellos, el *Deep Rover* (derecha), tiene brazos y manos mecánicos para explorar el suelo marino. En la foto inferior Sylvia Earle conduce la nave y alguien al fondo la saluda. La presión del aire dentro del sumergible se mantiene igual que la presión de la superficie. El *Deep Rover* puede sumergirse a más de 914 metros. Algunos sumergibles han descendido mucho más. Los expertos también han construido cientos de sumergibles operados a control remoto y que no llevan gente. Controlados desde tierra o manejados en el agua, los sumergibles son las ventanas desde las que observamos el mundo submarino.

SYLVIA A. EARLE

*Las cifras métricas en este libro han sido redondeadas.

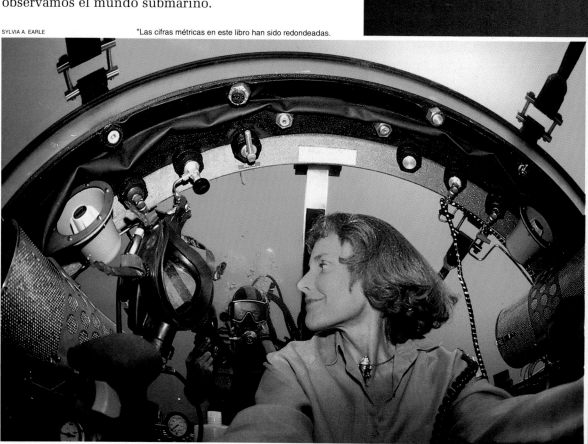

¿Cómo respiran los peces?

Quizá ya sabes que, cuando respiras, tus pulmones toman el oxígeno del aire; tus células usan el oxígeno para darte la energía que te mantiene vivo. Los peces necesitan oxígeno tanto como tú y por la misma razón.

El oxígeno está disuelto en el agua. Los peces respiran cuando llenan su boca de agua y ésta pasa por unos órganos llamados branquias. Ve las branquias dentro de la boca abierta de esta trucha. Las branquias absorben el oxígeno del agua y lo distribuyen por el resto del cuerpo.

Esto es lo que sucede cuando los peces respiran: el agua pasa por la boca abierta del pez, su boca se cierra y el agua pasa por las branquias; éstas se encuentran agrupadas a ambos lados de la cabeza. Las branquias tienen unos tejidos en forma de hoja llamados lamelas. La

sangre fluye por ellas y absorbe el oxígeno del agua soltando el dióxido de carbono. Los vasos sanguíneos llevan el oxígeno a todas las células del cuerpo del pez. El agua sale de él por unas aberturas en las branquias a ambos lados de la cabeza.

Normalmente, este proceso respiratorio suministra oxígeno suficiente al pez. A veces, los peces suben a la superficie y toman aire. Los peces de oro lo hacen. Generalmente, esto es una señal de que el contenido de oxígeno en el agua está bajo. Una pecera demasiado pequeña o comida en descomposición pueden ser causa de esto. El proceso de la descomposición de la comida consume oxígeno; trata de cambiar el agua más a menudo o darle al pez menos comida. También puede ser que necesites una pecera mayor.

Melenas y Barbas

¿Por qué tienen melenas los leones?

La gran melena de este perezoso león creció por la influencia de una hormona llamada testosterona. Los leones no son las únicas criaturas que tienen hormonas. Tú tienes hormonas también. Estas hormonas (mensajeros químicos) se encargan de tu crecimiento y desarrollo. La testosterona hace que crezca la barba en el hombre y que algunos pájaros machos tengan plumas de muchos colores. En los venados macho, la hormona controla el crecimiento de los cuernos.

Los leones macho adultos son los únicos de la familia de los felinos que tienen melena. Los machos jóvenes pueden tener un poco de pelo alrededor de la cabeza, pero hasta que no son adultos maduros no les crece completamente la gran melena en la cabeza y el cuello. Esto sucede cuando cumplen los cinco años.

Los zoólogos, que estudian a los animales, piensan que las melenas de los leones tienen varios propósitos. Un león de melena grande puede impresionar a los otros machos, haciendo que parezca más grande, más fuerte y más amenazante de lo que realmente es. Puede que la melena proteja el cuello del león durante las peleas con otros machos, y la melena muestra la masculinidad del león, igual que la barba en los hombres.

JEFFRY W. MYERS/WEST STOCK

HANS REINHARD/BRUCE COLEMAN LTD.

¿Por qué no les crece la barba a los niños?

Cuando estos niños dejen de jugar, no tendrán pelo en la cara. Pero esto no es porque se hayan rasurado. Los rastrillos no tienen cuchillas.

No les crecerá la barba hasta que lleguen a la pubertad. La pubertad es una fase de la vida por la que se atraviesa cuando se empieza a ser adulto. Durante la pubertad, el cerebro incrementa la producción de ciertas hormonas. Estas hormonas circulan por la sangre y le indican al cuerpo que produzcan otras hormonas incluyendo la testosterona.

Cuando los niños empiezan a ser hombres, sus cuerpos producen grandes cantidades de testosterona. Las mujeres también producen esta hormona, pero los hombres producen 20 veces más que ellas. Con el tiempo, la testosterona causará cambios en los cuerpos de los niños. Se volverán más musculosos. Les cambiará la voz. Les crecerá pelo en algunas partes del cuerpo. Y les empezará a crecer la barba en la cara, primero sobre los labios, luego en la barbilla y las mejillas y tendrán que rasurarse. No sin antes, probablemente, ¡tener que soportar la aparición del acne!

No Hay Otro Igual

¿Por qué son diferentes las huellas digitales?

De la misma forma que no hay dos personas idénticas, tampoco hay dos personas, ni siquiera los gemelos idénticos, que tengan las mismas huellas digitales. Las huellas digitales se forman antes de nacer.

La piel de las yemas de los dedos de tus manos se parece a la piel de las plantas de tus pies. Es más gruesa que la piel de otras partes del cuerpo. Tiene crestas, o áreas levantadas, y cuencas, los espacios entre las crestas. Las formas básicas de su textura son los pequeños montículos en forma de cono llamados papilas.

JANET F. DWYER/FIRST LIGHT

digitales individuales. Algunas crestas se dividen y forman líneas bifurcadas. Otras crestas acaban bruscamente. Otras pueden ser tan cortas que parecen puntos. La disposición de estas características hace que tus huellas digitales sean diferentes de las de otra persona.

Aunque todas la personas tienen huellas digitales distintas, éstas se clasifican en tres categorías: arcos, lazos y unas figuras circulares llamadas torbellinos. Puede que hayas heredado los mismos tipos que tus papás, pero las tuyas son distintas.

Las huellas digitales son una forma segura para identificar a una persona, ya que no hay dos iguales. Cuando un dedo toca una superficie, puede dejar una marca única. Algunas marcas, las que deja una mano sucia, por ejemplo, son visibles. Otras, hechas por el sudor o la grasa casi no se ven. Cuando el cuerpo suda, la humedad se acumula en las crestas de las yemas de los dedos. La grasa de la piel también se acumula allí; eso sucede si una persona toca las partes grasosas del cuerpo, como la cara o el cuero cabelludo. Cuando la persona toca un objeto, como la ventana de un coche, las crestas dejan marcas en él. Éstas se podrán ver cuando se cubran con un polvo especial.

El policía (izquierda) pone ese polvo especial en la puerta de un coche robado. Cuando aparecieron las huellas, las duplicó con cinta adhesiva. Luego fueron fotografiadas sobre el capó rojo del coche (abajo). Los datos escritos al lado de las huellas permiten que la policía elabore y mantenga registros precisos. Si las huellas son iguales a las de alguien con antecedentes en los archivos de la policía, ésta sabrá quién probablemente robó el coche. La policía conserva estos archivos en computadoras que ayudan a identificar las huellas.

¿Por qué es diferente cada copo de nieve?

Nadie ha tenido jamás noticia de haber encontrado dos copos de nieve idénticos. Los científicos dicen que es muy poco probable que los haya. Los copos son, en realidad, cristales de nieve que se van juntando mientras caen. Cada cristal de nieve (un tipo de cristal de hielo) tiene una forma diferente. Mientras cae, pasa por muchas capas de aire. Su tamaño y forma cambian continuamente. Puede crecer, derretirse o evaporarse un poco.

En esta página se ven distintos cristales de nieve. ¿Te sorprende que no todos se parezcan a las estrellas de papel que los niños recortan? Los cristales que parecen estrellas en esta página se llaman cristales dendríticos. Los cristales de nieve también tienen otras formas básicas; aquí aparecen ejemplos de seis formas. Los dibujos bajo estas líneas identifican los tipos de los cristales en la fotografía.

La próxima vez que nieve, pon algunos cristales sobre un trozo de tela oscura y obsérvalos con una lupa. No serán tan perfectos como los que se muestran aquí, pero todos serán diferentes.

Aguja	Cristal Dendrítico	Columna	Columna con Corona	Bala	Grupo de Balas

RICHARD C. WALTERS   MARVIN J. FRYER (DIBUJOS)

Máquinas Verdes

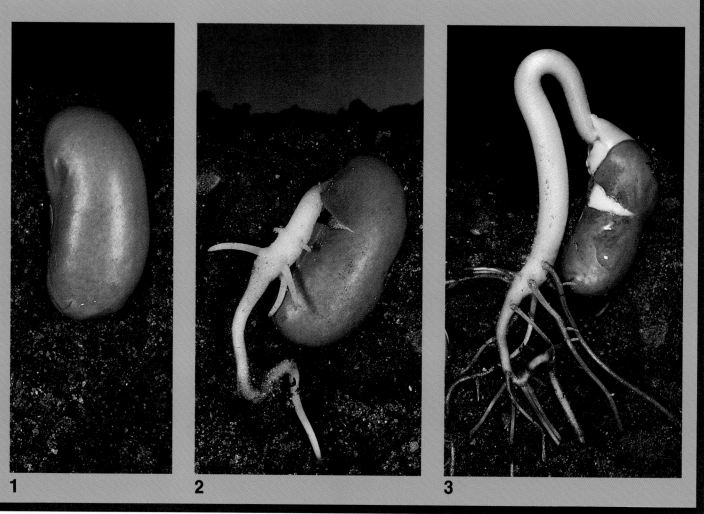

1

2

3

¿Por qué la semilla que germina envía las raíces hacia abajo y el tallo hacia arriba?

Una semilla no tiene ni pies ni cabeza. Cuando la siembras, la echas en la tierra y la cubres. No importa cómo caiga. Cuando germine, las raíces crecerán hacia abajo y el tallo hacia arriba.

Las fotografías sobre estas líneas muestran un frijol rojo en germinación.

1) El frijol (una semilla) enterrado en la tierra se mantiene inactivo durante algún tiempo. El agua y la temperatura adecuadas le permitirán germinar. El agua se filtra por la piel dura y la ablanda.

2) Poco después, la piel revienta. Una delgada y blanca raíz empieza a crecer hacia abajo. La raíz responde a la fuerza de la gravedad. Está creciendo hacia el centro de la Tierra. Los expertos llaman a este fenómeno de la naturaleza: geotropismo positivo.

3) Conforme se desarrolla el sistema radicular, el tallo empieza a crecer en forma de gancho. El gancho empuja a través de la tierra, moviéndose en dirección opuesta a la fuerza de gravedad. La acción se conoce como geotropismo negativo. Cuando llegue a la superficie, el tallo empezará a enderezarse. Luego, la planta buscará el sol y crecerá hacia la luz. Este movimiento se conoce como fototropismo.

Hay un lugar en el que los brotes no se comportan como deben: en el espacio exterior. Sin gravedad, las semillas crecen en todas direcciones.

¿Cómo puedes cultivar diferentes frutas en el mismo árbol?

Los amantes de las manzanas pueden triplicar su placer con un árbol como el que se muestra abajo. Colgando de sus ramas hay manzanas de distintos colores: amarillas, verdes y rojas.

Estos árboles no crecen de forma natural. Los fruticultores los crean mediante un proceso que se llama injerto. Durante este proceso se unen dos o más plantas para formar una sola. Un manzano puede producir diferentes tipos de manzanas mediante el injerto.

El injerto sólo funciona con árboles o arbustos de la misma especie o afines. El manzano no se puede injertar en un melocotonero. Pero la rama de cualquier frutal de hueso, melocotonero, albaricoquero o ciruelo, se puede injertar en otro frutal de hueso.

Los fruticultores no injertan las plantas sólo para producir árboles raros. El método tiene varias ventajas. Es más rápido que cultivar árboles desde las semillas. Permite obtener diferentes variedades de fruta de alta calidad. El injerto puede también sanar a un árbol enfermo.

Abajo puedes ver los pasos necesarios en un tipo de injerto que se llama de escudete.

1 Se realiza un corte en T en el patrón. El corte recibirá la yema del árbol que el fruticultor quiere injertar.

2 La yema se introduce dentro de la T. Las partes de ambas plantas que transportan agua y alimento deben estar en contacto íntimo para que la yema obtenga su alimento del patrón.

3 La incisión se aprieta y envuelve con una cinta especial. La cinta se quita cuando la yema empieza a brotar.

WILLIAM COULTER

TALLO

WILLIAM COULTER

¿Cómo beben las plantas?

¿Se parece la foto de la derecha a la cara del Hombre Araña? En realidad es un corte del tallo de una planta de arroz (dibujo). El corte está muy aumentado. El fotógrafo impregnó el corte con un colorante para hacerlo brillar. Los científicos usan estas fotografías para estudiar los vasos de las plantas.

En el interior de las plantas, el agua circula por una red de vasos llamado sistema vascular. La planta absorbe el agua de la tierra mediante unos delgados filamentos en la raíz llamados pelos absorbentes. Cada pelo permite que pasen agua y minerales a la planta.

El agua pasa después al sistema vascular, formado por dos tipos de tejido, el xilema y el floema. El xilema toma el agua de las raíces y la lleva a todas las partes de la planta. El floema conduce las sustancias nutritivas sintetizadas en las hojas. La frente del Hombre Araña es el floema. Los ojos, nariz y boca son el xilema.

Para observar al sistema vascular de una planta en acción, toma un cuchillo y corta la parte de abajo de un tallo de apio. Pon el tallo en un vaso de agua con colorante para alimentos. Durante la noche el xilema llevará el agua coloreada a las hojas. Los vasos conductores se han encargado de llevar el líquido a todos los puntos del interior de la planta.

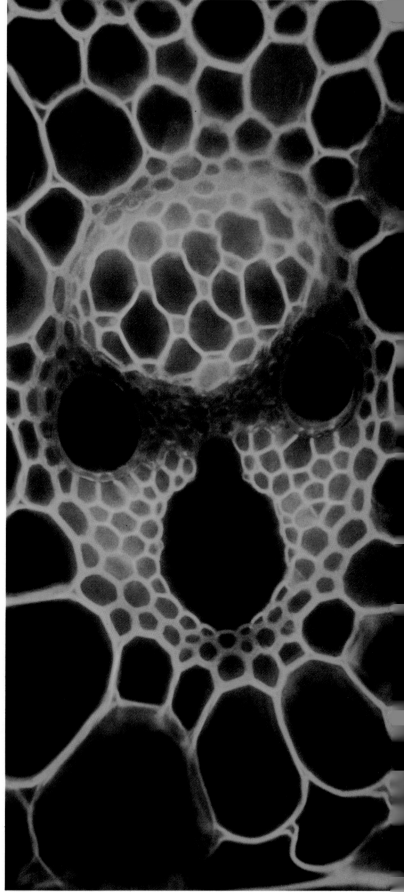

Vivir Sin Agua

¿Por qué no tienen hojas los cactus?

La mayoría de los cactus viven en el desierto, donde cae poca lluvia. Poco a poco han logrado eliminar las hojas, las cuales permiten que el agua de la planta se evapore. Cuando llueve, las plantas absorben agua extra. En las plantas con hojas este agua extra se filtra por unos pequeños poros en las hojas.

Se cree que muchas de las zonas que ahora son desiertos, no eran tan secas hace millones de años. Los cactus tenían hojas entonces. Hay algunos cactus que todavía tienen hojas, aunque son pequeñas. Estas plantas no dependen de las hojas para producir su alimento.

Los cactus producen su alimento en el tronco. Por eso, los troncos son verdes. Contienen una sustancia verde, la clorofila, que es la que produce el alimento.

Los troncos de los cactus también realizan otro trabajo importante. Sirven como tanque de almacenamiento de agua. El saguaro (abajo) tiene un tronco que se ensancha como un acordeón. Un saguaro grande puede almacenar toneladas de agua.

STEPHEN J. KRASEMANN/DRK PHOTO

¿Cómo sobreviven los animales del desierto a una larga sequía sin tomar agua?

La tortuga del desierto está a punto de comerse una planta (arriba). La planta no sólo contiene alimento; también el agua que necesita la tortuga.

Cuando llueve, las tortugas y otros animales del desierto pueden tomar agua. Como no llueve muy a menudo, tienen que sobrevivir meses sin ella. Cuando la tierra está seca, los herbívoros encuentran agua en las hierbas, arbustos y otras plantas. Los carnívoros aprovechan los líquidos de los animales que cazan.

Los animales del desierto están bien adaptados al calor y a la falta de agua. La tortuga del desierto vive en las partes secas del suroeste de Estados Unidos y México. Su fuerte caparazón y su piel coriácea impiden que el agua de su cuerpo se evapore. La pequeña rata canguro de Norteamérica se alimenta principalmente de semillas secas. Como otros animales, produce agua al digerir su comida. Esta criatura puede sobrevivir sólo con este agua. Nunca la verás bebiendo agua.

Para mantenerse frescos y húmedos, muchos animales del desierto se refugian en madrigueras y lugares frescos durante la parte más calurosa del día. Buscan la comida en la tarde o en la madrugada.

Todo Cambia

KEN SHERMAN/BRUCE COLEMAN INC.

¿Por qué se vuelve gris o blanco el pelo cuando uno envejece?

Algún día, el pelo de este niño de ocho años puede volverse tan blanco como el de su abuelo. Cuando las personas envejecen, su pelo se torna gris o blanco.

El pelo de algunas personas empieza a encanecerse a temprana edad. Puede que le haya sucedido lo mismo al pelo de sus padres o abuelos. Generalmente, las canas a temprana edad son hereditarias.

El pelo fuera del cuero cabelludo está constituido por células muertas. El color del pelo comienza debajo del cuero cabelludo donde crece el pelo. La raíz del pelo se encuentra envuelta en un pequeño saco llamado folículo piloso. Algunas células dentro de la raíz del pelo producen un pigmento oscuro o sustancia colorante; ésta, la melanina, se deposita dentro de cada pelo. El color del pelo depende de la cantidad, el tipo y la distribución de la melanina.

Cuando la gente envejece, el número de células que producen la melanina normalmente disminuye. Muchas de las células producen menos melanina o detienen su producción y el pelo se vuelve gris o blanco.

¿Por qué se vuelve blanca la clara de un huevo cuando se fríe?

¿Te gustan los huevos fritos? Te gusten o no, lo más probable es que hayas notado una cosa muy extraña cuando se fríe un huevo. La clara del huevo se espesa y se vuelve de color blanco. Este proceso de espesamiento se llama coagulación.

Así es como funciona la coagulación: la clara del huevo está formada por moléculas de proteína muy separadas. En el huevo crudo esas moléculas contienen mucha agua.

Cuando el huevo comienza a freírse, el calor suministra energía a esas moléculas que comienzan a expandirse y a moverse, chocando entre sí. Al chocar se unen fuertemente. La unión de las moléculas es la coagulación. Mientras la clara del huevo se coagula, el agua de las moléculas se evapora. Los rayos de luz ya no pueden penetrar completamente el material espeso. Lo que antes era una sustancia clara y transparente ahora es blanca y opaca. ¡Y hace las delicias de muchos de nosotros en el desayuno!

CECILE BRUNSWICK/PETER ARNOLD, INC.

¿Por qué cambian de color y caen las hojas en otoño?

Cada otoño, muchas clases de árboles producen un espectáculo sorprendente. Sus hojas llenan el paisaje de colores amarillos, naranjas, rojos y morados.

Las hojas que se vuelven amarillas y naranjas en el otoño contienen pigmentos de esos colores desde que brotan. En el verano no se pueden ver esos colores porque otro color más fuerte, el pigmento verde llamado clorofila, los cubre.

Gracias a la clorofila, las plantas realizan su función principal: la producción de azúcar. La clorofila absorbe la luz del sol que actúa como energía para producir el azúcar. Durante el verano, las hojas envían el azúcar a las demás partes del árbol, donde se usa para el crecimiento o se almacena.

En el otoño, los días más cortos y las temperaturas más bajas provocan ciertos cambios en el árbol. Poco a poco, la clorofila se desintegra. Sin ella, los pigmentos amarillos y naranjas comienzan a verse en algunas hojas. En otras se forman pigmentos nuevos que cambian el color de las hojas a rojo o morado.

Los árboles de hoja caduca son los que sufren estos cambios, es decir, cada cierto tiempo pierden las hojas. Cuando la hoja cambia de color, produce una capa nueva de células en la axila. La nueva capa aísla a la hoja del árbol y ésta cae al suelo.

Para sobrevivir al invierno, los árboles entran en una fase de vida latente. El árbol vive del azúcar almacenado hasta que llegue la primavera, cuando las hojas nuevas inicien de nuevo el proceso de producir azúcar.

Plumas y Flores

¿Por qué brillan las plumas del pavo real?

Las figuras y colores de la pluma del pavo real brillan con la luz del sol (abajo). ¿Qué nos dicen? "Mírenme." El abanico de colores del pavo real macho es un reclamo para atraer a la hembra. Las hembras no tienen plumas tan brillantes y llenas de color. En muchas clases de aves, los machos tienen más colores que las hembras. Los machos exhiben sus plumas de colores variados para atraer a las hembras y advertir a los otros machos que no se acerquen. Generalmente, las hembras poseen un color especial para pasar inadvertidas. Por ejemplo, las hembras de los patos tienen plumas marrones con rayas de otros colores opacos como las plantas que rodean al nido. Cuando la hembra se pone sobre el nido, se confunde con su entorno. Los enemigos de los patos tienen muy poca probabilidad de encontrar con facilidad a un pato hembra camuflado.

TERRY DOMICO/EARTH IMAGES

CRAIG AURNESS/WEST LIGHT

¿Por qué tienen tanto color las flores?

Desde el aire, estos campos de flores vistosas (arriba) parecen una bandera multicolor. Los científicos afirman que las figuras y colores de las flores tienen una finalidad. Anuncian a los animales que polinizan las flores que poseen algo que ofrecerles: comida en forma de néctar y polen.

El color de una flor puede ser una señal muy útil para los insectos que buscan comida. Por ejemplo, muchas flores blancas, rosas y amarillas anuncian que su néctar es muy fácil de alcanzar.

Las flores a la derecha muestran algunos de los colores que atraen a las abejas. Éstas son más atraídas por las flores blancas. Los insectos, sin embargo, no pueden ver

el color rojo. Normalmente las flores rojas atraen a muchas clases de mariposas y pájaros.

A veces, los pétalos de colores se distribuyen de tal modo que los insectos y los pájaros tienen que llegar hasta el centro de la flor para alcanzar el polen.

Las flores utilizan los colores de manera parecida a como lo hacen los pájaros machos con sus vistosas plumas que atraen a las hembras. El color de una flor atrae a ciertos insectos y aves, los cuales recogen el polen y lo llevan a otras flores. Este proceso de polinización es necesario para que muchas plantas puedan formar semillas. Las semillas se convertirán después en otra generación de flores.

Dos Trampas Vivientes

TERRY DOMICO/EARTH IMAGES

¿Por qué existen ciertas plantas que se mueven al tocarlas?

Si no se les molesta, las secciones en forma de plumas de esta hoja están abiertas (arriba). Estas secciones se componen de hojuelas. Si las tocas ligeramente, las hojuelas se doblan y se juntan (abajo). Este arbusto, un tipo de mimosa, crece en forma silvestre en algunos lugares de clima cálido. Sus hojas contienen células especiales que se hinchan con el agua. Estas células mantienen abiertas a las hojuelas. Cuando las tocas, el agua se mueve rápidamente a los espacios entre las células y las hojuelas se cierran. En cuanto el agua regresa al interior de las células, las hojuelas vuelven a abrirse.

No se sabe si este comportamiento tiene alguna finalidad. Puede que proteja a la sensitiva planta de los animales herbívoros. Puede engañar de dos maneras a un animal hambriento que roce la planta: al doblarse las hojuelas, la planta se hace más difícil de reconocer y las hojuelas cerradas parecen espinas filosas.

¿Cómo y por qué cambian de color los camaleones y los anolis?

Si crees que ves cuatro tipos diferentes de reptiles en esta página, te han tomado el pelo. Sólo hay dos clases: el camaleón en las dos fotografías de arriba y el anolis verde en las dos fotografías de la derecha. Los dos cambian de color.

Los camaleones, reptiles muy lentos, tienen lenguas largas y pegajosas, ojos prominentes y colas prensiles (que pueden agarrar cosas). La mayoría viven en África y en Madagascar. Los camaleones cambian a muchos tonos de verde, amarillo y marrón y algunos a blanco o negro. El color puede ser de un solo tono o formar distintas figuras.

El anolis verde se conoce también como camaleón americano, debido a que también cambia de color. Cambia a diferentes tonos de verde y marrón. Pero esta delgada y ágil lagartija norteaméricana no pertenece a la especie de los camaleones.

En el camaleón como en el anolis, la melanina determina el color. La melanina se encuentra en algunas células de la piel. Cuando la melanina se encuentra fuertemente empaquetada dentro de las células, el reptil se ve de color claro. Cuando la melanina sale de ellas, se ve más oscuro.

Varios estudios han demostrado que distintos factores influyen en el color de estos reptiles. Si molestas a uno o si la temperatura cambia, el animal puede mudar de color o las figuras en su piel pueden oscurecerse o hacerse más claras.

Los científicos no están seguros si el cambio de color tiene alguna finalidad. Puede que sirva para regular la temperatura de su cuerpo o tal vez para engañar a sus enemigos. Pero los científicos saben ahora que los camaleones y anolis no pueden, como mucha gente cree, cambiar de color a propósito y al mismo tono que el de su alrededor.

¡Qué Estupendo!

¿Por qué vuela un papalote?

Aunque sean de formas sencillas o de planos caprichosos, los papalotes son ligeros. Sin embargo, pesan más que el aire. Necesitan la ayuda del viento para elevarse.

Si mantienes tu papalote horizontalmente, con toda seguridad no volará hacia ningún lado. Pero si lo colocas hacia arriba en un día de viento, el viento encontrará una superficie ancha contra la que empujar. Pronto sentirás un jaloneo en la cuerda. La cuerda bien tensa aguantará arriba tu papalote contra el empuje del viento. La presión del aire debajo del papalote es mayor que la presión por encima, lo cual hace que el papalote se eleve. Esta fuerza se llama ascensional. Si el viento deja de soplar, también puedes hacer que despegue tu papalote. Corre con tu papalote hasta que comience a elevarse. Al moverlo, perturba el aire y se eleva.

Si tienes un papalote de diseño complicado, otras fuerzas actúan sobre él, dependiendo de cómo circula el aire alrededor de su superficie. Pero, una vez elevado, tu papalote se quedará arriba, siempre que su forma sea sólida y el aire estable.

¿Cómo funciona el paracaídas?

A miles de metros de tierra, este paracaidista ha saltado de un avión. Cae a más de 161 kilómetros por hora. Cuando llega el momento de abrir el paracaídas principal, dispara antes un pequeño paracaídas guía que está sujeto a la parte superior del paracaídas principal. El paracaídas guía se llena de aire y jala al paracaídas grande. Después de unos segundos se despliega el paracaídas principal. Éste proporciona una superficie enorme contra la que el aire hace presión. La resistencia del paracaídas principal contra el aire frena la caída.

Este paracaídas es el modelo más nuevo: un rectángulo. Este diseño le da al paracaidista más control sobre su velocidad y movimientos que el modelo viejo que parecía un paraguas. Ajustándolo, el paracaidista puede frenar y aterrizar suavemente con los pies.

CHARLES KREBS

¿Por qué se siguen tan de cerca los pájaros y los ciclistas?

Los pájaros y los ciclistas juegan a "seguir-al-líder" por una buena razón. Al estar detrás pueden avanzar.

¿Parece imposible? No lo es. El líder de la bandada de pájaros y el líder de un grupo de ciclistas tienen algo en común. Los dos tienen la tarea más difícil. El líder tiene que cortar el aire, que ofrece resistencia. Mientras el líder avanza, el aire cortado se desplaza en forma de V, como las olas detrás de un barco. Las corrientes de aire en forma de V hacen remolinos. El segundo pájaro en la bandada o el segundo ciclista avanza, y así todos.

Los que siguen al líder también aprovechan las corrientes de aire de otro modo. El aire en movimiento aumenta su velocidad cuando se comprime dentro de un espacio pequeño. Si un ciclista pasa a otro corredor muy de cerca o si un pájaro hace lo mismo, el aire entre los dos los hace avanzar.

Los gansos (izquierda) y otros pájaros que recorren largas distancias "siguen al líder". Sólo los ciclistas (abajo) que están muy bien entrenados tienen la habilidad de correr con seguridad de esta manera. Nunca intentes andar en bicicleta detrás y muy cerca de cualquier otro vehículo, ya que pueden ocurrir accidentes graves.

ROBERT P. CARR/BRUCE COLEMAN INC.

DAVID BARNES/APERTURE PHOTOBANK

¿Por qué regresa un boomerang después de ser lanzado?

Si lanzas un boomerang correctamente, no lo perderás. Recorrerá un círculo y regresará a tí. Su secreto radica en dos cosas: su forma y cómo se lanza.

La mayoría de los boomerangs modernos tienen dos brazos. Cada brazo es curvo en la parte de arriba y plano por debajo, como el ala de un avión. La forma de la curva produce una esquina redondeada y otra plana. Sin embargo, hay una diferencia importante entre la forma del brazo de un boomerang y el ala de un avión. En un avión las esquinas redondeadas de las alas están en la parte de delante. Una de las esquinas redondas del brazo de un boomerang apunta hacia adelante y la otra hacia atrás. Al girar, el boomerang crea una presión des-

igual en el aire. Esta presión causa que el boomerang se ladee.

Para lanzar un boomerang correctamente, lánzalo de manera que dé vueltas verticalmente. Esto le da un empujón extra. El aire siempre pasa más rápido por el brazo de arriba. Este brazo corta hacia delante cada vez que da vueltas. El brazo de abajo corta hacia atrás, lo cual frena al boomerang. La diferencia en las velocidades hace que la presión del aire que actúa sobre los brazos sea aún más desigual. El boomerang comienza a dar vueltas en círculo, como hace la bicicleta cuando te balanceas al inclinarte a un lado. Si lo avientas correctamente, hará un círculo completo y caerá a tus pies.

¿Cómo vuela el avión en piloto automático?

Poco después de despegar, el piloto del avión mueve algunos controles y jala una palanca dentro de la cabina. El piloto ha ajustado la dirección del avión y lo ha puesto en piloto automático. Puede que pienses que esto puede provocar un desastre, pero no es así. Con el avión puesto en piloto automático, los pasajeros tendrán un viaje más seguro y cómodo.

El piloto automático, o autopiloto, es un dispositivo eléctrico. Ayuda al piloto a controlar la velocidad, la altitud y el curso del avión. El piloto automático funciona mediante el giroscopio. El giroscopio sencillo es una rueda giratoria, montada sobre un soporte especial. Cuando comienza a girar mantiene su posición sin importar qué tanto se muevan las cosas a su alrededor.

El piloto ajusta el giroscopio en la dirección en la que debe ir el avión. El giroscopio verifica la posición del avión y sus movimientos. Si el avión cambia el curso que ha decidido el piloto, el giroscopio manda señales eléctricas a unos pequeños motores. Los motores hacen lo que el piloto haría, pero más rápido.

Ajustan los controles en la cabina para llevar el avión a su curso original.

Los controles mueven las partes móviles de la cola y las alas. Estas partes se llaman el sistema estabilizador. Al cambiar el ángulo de cualquier sistema estabilizador se cambia la manera en la que el aire empuja al avión. Los dibujos de la derecha muestran cómo actúan los sistemas estabilizadores. Los elevadores, en la cola, hacen que el morro se mueva hacia arriba o hacia abajo (cabeceo), y el avión sube o baja. Los alerones (en las alas) inclinan el avión de un lado al otro (balanceo). El timón (en la cola) hace que el avión gire hacia la izquierda o la derecha (derrape).

El piloto automático hace cambios muy pequeños en la posición de los sistemas estabilizadores. Conduce el avión de una manera más estable que cualquier ser humano. También permite que el piloto revise los demás instrumentos. Una vez en el aire, el piloto no tendrá que tocar los controles durante horas. En cualquier momento, el piloto le puede dar instrucciones nuevas al piloto automático o simplemente apagarlo y tomar el control.

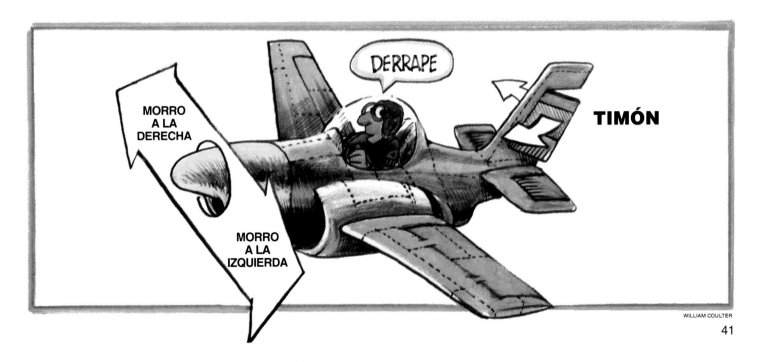

¿Cómo navega un barco contra el viento?

Es fácil ver por qué un barco navega empujado por el viento. El viento sopla contra las velas impulsando al barco hacia adelante. Pero un velero, incluso éste que es de juguete, puede navegar contra el viento; es decir, el barco no puede ir directamente contra el viento, pero puede navegar en esa dirección. Veamos:

Las velas separan al viento en dos. El viento que sopla en la parte exterior de las velas sigue su camino más allá de éstas con mayor velocidad. Al llevar mayor velocidad, el viento que sopla en los bordes exteriores de las velas tiene menos presión que el que pasa por los bordes internos. La diferencia de presión mueve al barco.

Piensas que el barco debería moverse hacia los lados. Así es cómo se mueve, pero ligeramente. La parte bajo la línea de flotación está diseñada para resistir esa presión lateral y convertirla en movimiento hacia adelante.

¿Cómo funciona un aerodeslizador?

El bote guardacostas que vemos abajo no está arando en el agua; navega sobre un colchón de aire. Este vehículo se desliza sobre la superficie del agua. Un potente ventilador dentro del techo del aerodeslizador succiona el aire. El ventilador impulsa el aire hacia la parte inferior flexible del casco. El aire atrapado allí presiona sobre la superficie, y el aerodeslizador se eleva. Las hélices de la parte superior dirigen el aerodeslizador hacia adelante o hacia atrás.

Como esta embarcación no tiene que ejercer fuerza de empuje en el agua, es más veloz que otras del mismo tamaño y que utilizan motor. Cuando el agua que surca está agitada, el colchón de aire hace que el viaje sea tranquilo. El deslizador se mueve en el agua y también va por tierra.

CHUCK O'REAR/WEST LIGHT

PAUL KOTZ/WEST STOCK

¿Qué hace arder al fuego?

En un campamento de invierno en las Montañas Rocosas, tres jóvenes se calientan las manos en una fogata. A pesar de que la nieve está congelada, las llamas brillan y calientan. Esto se debe a que el combustible que usaron los campistas para hacer el fuego llegó a una temperatura llamada de ignición. Para la madera, esta temperatura es de unos 260 °C. Otros combustibles se prenden a temperaturas más bajas o más altas.

Para hacer una fogata, se necesita combustible y éste debe calentarse hasta que llegue a su temperatura de ignición. También se necesita, además, un buen suministro de oxígeno. Cuando las sustancias de que se compo-

ne el combustible se unen con el oxígeno, se desencadena una serie de reacciones químicas. Estas reacciones se llaman combustión y producen las llamas que vemos y el calor que sentimos. Si falta alguno de los tres elementos indispensables, el combustible, el oxígeno o la temperatura de ignición, el fuego se apagará.

Si por accidente se deja caer un cerillo encendido sobre un papel o un montón de hojas, arderán. Si el cerillo cae sobre el suelo de piedra o sobre la tierra acabará por apagarse. ¿Por qué? Éstas no son inflamables porque el oxígeno no puede combinarse con ellas y, por lo tanto, no pueden quemarse.

CHUCK O'REAR/WEST LIGHT

ANTHONY HOWARTH/INT'L STOCK PHOTOGRAPHY

¿Cómo corta el metal el rayo láser?

Las chispas saltan cuando el láser corta los dientes filosos de una sierra circular (arriba), operación que se realiza en sólo dos minutos.

La luz producida por el láser está concentrada en un solo haz o rayo. La luz normal se propaga en todas direcciones al alejarse de su fuente. El delgado rayo del láser viaja en una sola dirección y no se propaga. Así, un láser lo suficientemente potente puede concentrar una enorme cantidad de energía en un pequeño punto y esta energía produce muchísimo calor. El rayo láser puede elevar la temperatura de una sustancia a unos mil billones de °C por segundo.

Debidamente enfocado (derecha), cierto tipo de láser es una velocísima herramienta para cortar metal. Sencillamente, convierte el metal en vapor, aunque la única parte que queda vaporizada es la que toca el rayo del láser.

Debido a que el rayo puede concentrarse en un punto muy diminuto, los trabajos en los que se utiliza son de enorme precisión. Los trabajadores lo usan en la fabricación de diminutos chips de computadora y los cirujanos lo utilizan para operar partes del cuerpo tan delicadas como el ojo.

¿Cómo se fabrica el vidrio de la arena?

Cuando levantas con tu mano un vaso de cristal, en realidad lo que levantas es arena mezclada con otras sustancias químicas. Los ingredientes han sido transformados por el calor. Lo que sucede es como sigue. El vidriero calienta la arena y las otras sustancias en un gran horno a altas temperaturas, necesarias para transformar estos materiales en una sustancia transparente y maleable que más tarde se endurece. Cuando la mezcla llega a una temperatura de 1,482 °C, ésta se derrite. Se convierte en un líquido espeso y pastoso que, a medida que se enfría, se endurece lentamente convirtiéndose en vidrio.

Los vasos que vemos en la fotografía de la izquierda contienen arena, cal y bicarbonato de sodio, un producto similar al polvo de hornear. Éstas son las materias primas necesarias para elaborar el vidrio más común. A veces se añaden otros materiales (normalmente metales pulverizados) que le dan al vidrio matices de diferentes colores. En el fondo de la foto los trabajadores están junto a un horno donde recalentarán el vidrio para obtener un efecto especial. Éste pasará de un tono transparente a uno blanco, parecido a la leche.

El vidrio debe ser moldeado antes de que endurezca. Abajo, un artesano arregla el borde de una copa, cortando el material sobrante. Su trabajo lo realiza cerca de un horno para mantener siempre el vidrio caliente.

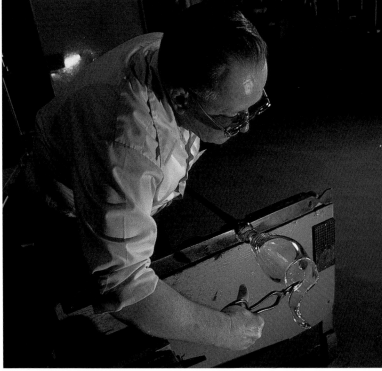

Sonidos, Pantallas, Señales

¿Cómo funciona un teléfono celular?

"¡Hola, Robertito!; tengo otra cita más con un cliente antes de que vaya para la casa. ¿Podrías por favor meter la comida en el horno para que se prepare la cena?"

La persona que conduce el automóvil aquí abajo está hablando con su hijo; él está en casa y ella está en su coche. Sin perder de vista la calle y sin dejar de conducir habla con él mediante un teléfono celular. Su lla-

mada es transportada por ondas de radio como los programas de radio y de televisión. Cuando la mamá de Robertito marcó su llamada, las ondas de radio viajaron desde su coche a la antena de la estación más cercana. La estación tiene un receptor y un transmisor. Cuando la estación recibió las ondas del teléfono, las transmitió a través de líneas telefónicas especiales a una oficina

conmutadora de telefonía móvil. En esta oficina, una computadora conectó la llamada con las líneas telefónicas normales. Así, al estar las llamadas conectadas con las líneas normales la persona puede hablar con cualquier teléfono en cualquier parte del mundo.

Por ahora, sólo en las zonas urbanas y en los alrededores de las grandes ciudades hay sistemas para teléfonos celulares. Estas zonas están divididas en secciones, llamadas células, cada una de ellas con su propia estación.

Una célula puede tener un alcance de entre 1.60 y 26 km. Si trazaras un esquema de las líneas de las células, éste tendría un patrón similar al dibujo.

Mientras la conductora usa su teléfono celular, la computadora en la oficina central conmutadora sigue la llamada. Cuando el coche se aproxima al límite final de una célula, la intensidad de las señales de radio de su teléfono empieza a disminuir. La computadora, entonces, cambia la llamada a la siguiente célula. La conductora debe permanecer dentro del sistema celular para poder utilizar su teléfono.

Un teléfono celular consta de más aparatos de los que se ven aquí en el dibujo. La señora tiene también una pequeña caja con equipo electrónico en la cajuela y una antena en el coche.

Los ingenieros tratan constantemente de reducir el tamaño de las partes de un teléfono celular. Por lo general, los portátiles son lo bastante pequeños como para caber en un portafolio. Algún día, dicen los expertos, la gente podrá llevar un teléfono celular en el brazo como si fuera un reloj de pulsera.

WILLIAM COULTER

OFICINA CONMUTADORA DE TELEFONÍA MÓVIL

¿Cómo funciona el sistema de video?

No necesitas ser un actor famoso para salir en la televisión. Lo único que necesitas es un equipo especial.

Con una cámara de video, una grabadora portátil y una televisión, puedes hacer tu propia película y verla en tu televisor, lo cual es, precisamente, lo que están haciendo los jóvenes en la caricatura.

Con una cámara de video y una grabadora portátil, la niña graba la imagen y la voz de su amigo que camina con los zancos. La imagen y el sonido se graban en una cinta magnética dentro de un videocassette que está dentro de la grabadora portátil. Luego los jóvenes conectan la grabadora a la televisión, regresan el cassette y pulsan la tecla de PLAY en la grabadora.

Cuando el video está en marcha, la grabadora envía señales electrónicas al televisor. El televisor las recibe y las pasa en la pantalla. Los jóvenes ven la imagen y oyen el sonido.

Otros sistemas de video tienen una caja llamada cronómetro/sintonizador que sirve como un transmisor en miniatura de televisión; éste toma la señal del video desde la cámara o la grabadora y la envía al televisor. Una vez hecha la grabación, el cassette almacena la imagen y el sonido. El cassette puede verse cuantas veces quieras.

¿Cómo transmite un satélite los programas de televisión?

"Este programa se transmite en vivo desde Europa vía satélite." Cuando oyes estas palabras, ¿sabes en realidad cómo sucede esto? Un satélite de comunicaciones como el que está en el dibujo retransmite las señales desde Europa a América del Norte.

Con sus antenas en forma de plato, el satélite capta las señales transmitidas desde la estación terrestre que está en Europa. Las señales pierden fuerza a medida que viajan por la atmósfera. Cuando llegan al satélite, están ya muy débiles, pero el equipo que se halla en el satélite refuerza las señales y luego éstas se transmiten a la estación terrestre en Norteamérica.

Este dibujo representa el satélite Intelsat V. Sus paneles en forma de alas almacenan la luz solar y la transforman en energía eléctrica con la que funciona el equipo. Para transmitir a Europa y a América del Norte, Intelsat V tiene que permanecer en un lugar determinado sobre el Océano Átlantico. El satélite fue puesto en órbita a una altura de 35,887 km. A medida que la Tierra gira, el satélite sigue a la misma velocidad, siempre colocado directamente en el mismo punto sobre la Tierra.

¿Por qué el sol parece a veces cambiar de forma cuando se oculta?

El sol poniente en la foto de la izquierda parece estar plano. El de abajo se ensancha en su parte inferior. Los dos son espejismos, imágenes que engañan la vista.

El espejismo sucede cuando los rayos de luz pasan por capas de aire de diferente densidad y temperatura. Los rayos se refractan, o se doblan en formas extrañas.

Puede suceder que veas un sol aplanado (izquierda) cuando el aire se calienta en la superficie terrestre y es más frío en la parte de arriba. Estos cambios de temperatura en el aire afectan su densidad: el aire frío es más denso que el caliente; cuando los rayos del sol quedan entre los cambios repentinos de densidad en las capas de aire, se refractan, produciendo el espejismo. Los colores brillantes son producidos por rayos de luz que se dispersan.

El espejismo de abajo se llama imagen doble. En éste sucede lo siguiente: el agua calentada por el sol caldea las capas inferiores de una masa de aire mucho más frío. El calor hace que esas capas se vuelvan menos densas que el aire frío de encima. Los rayos de luz, al viajar rápidamente de las capas frías de aire a las de aire calentado por el agua, se refractan en forma brusca sobre ésta. El sol se ve más bajo de lo normal y, debajo de él, lo que se ve es la imagen invertida de una parte del sol.

¿Por qué es azul el cielo?

Para que los rayos solares lleguen a la Tierra, deben atravesar la atmósfera. Lo que ahí ocurre hace que el cielo se vea azul.

La luz solar, que es blanca, está compuesta de todos los colores del arco iris. Las ondas de luz azul y violeta son las más cortas. Las rojas y anaranjadas, las más largas. Conforme los rayos de luz blanca se acercan a la Tierra, algunos chocan con moléculas de aire y partículas de polvo en la atmósfera. El choque ocasiona que algunas ondas de los rayos se dispersen en todas direcciones. Las ondas cortas azul y violeta se dispersan más, ocupando todo el cielo. Éstas hacen que el cielo se vea azul. Normalmente, las ondas más largas continúan su camino hacia la Tierra. Sin embargo, la contaminación puede diseminar estas ondas.

En el cielo azul, el Sol se ve amarillo. A la luz que llega del Sol le falta una parte de las ondas de luz azul y violeta. Éstas se han diseminado. La luz del Sol es la combinación de todos los colores remanentes.

Para ver cómo se disemina la luz, revuelve unas gotas de leche en una jarra de agua e ilumina la jarra con una linterna. La leche actúa como las partículas en la atmósfera. La linterna funciona como el Sol. La leche diseminará las ondas azul y violeta de la linterna y el líquido se verá azul, como el cielo.

¿Por qué sale la luna a diferentes horas durante el año?

La Luna sólo parece salir. Pasa frente a nosotros mientras la Tierra gira sobre su eje. Como el Sol, la Luna parece moverse hacia el oeste en el cielo, pero en realidad se mueve hacia el este. Nos engaña la vista debido al tiempo que dura su órbita. La Luna tarda aproximadamente 29 1/2 días en dar una vuelta a la Tierra, lo cual es mucho más que lo que tarda la Tierra en girar: 24 horas. En la Luna nueva, cuando está entre el Sol y la Tierra, parece que sale y se pone con el Sol. Pronto queda atrás en su órbita en relación con el Sol. Cada día sale aproximadamente 50 minutos más tarde. Conforme sale más tarde, parece cambiar de forma y de tamaño, lo que se debe a que refleja el Sol desde un ángulo que cambia constantemente. Abajo, una luna llena brilla sobre un pueblo de Canadá.

¿Por qué veo el rostro de un hombre en la Luna?

NASA

Cleopatra lo vio. También Abraham Lincoln . Y probablemente tú también lo hayas visto. De hecho, el rostro de hombre en la Luna ha aparecido en el cielo nocturno de todas las épocas.

La Luna no tiene luz propia. Su superficie áspera refleja la luz del Sol. Las regiones montañosas se ven claras. Las explanadas, llamadas maria, se ven oscuras. Esparcidas en las regiones montañosas y en los maria hay cráteres provocados por choques de meteoritos. Todo esto junto forma lo que parece ser el rostro de un hombre. Las regiones claras y oscuras se aprecian en la foto de la izquierda.

La luna gira una sola vez sobre su eje cada vez que da una vuelta a la Tierra. Por esta razón siempre vemos el mismo lado de ella: el lado en que se ve el rostro de un hombre.

STEPHEN J. KRASEMANN/DRK PHOTO

¿Por qué sale el arco iris?

La receta para un arco iris sólo necesita dos ingredientes básicos: gotas de agua y luz solar. El arco iris sale cuando los rayos del sol chocan con las gotas de agua en el aire.

Mientras los rayos solares pasan por la atmósfera, se comportan de manera diferente, dependiendo de los obstáculos con que chocan. Unas veces los rayos de luz se reflejan. Otras, se absorben. Otras más, se refractan o se doblan. La luz blanca, que vemos a nuestro alrededor, es una mezcla de luz de colores. Cuando la luz blanca choca con una gota de agua en el aire a un ángulo determinado, se refracta. Al doblarse, aparecen todos los colores del arco iris.

Aunque cada gota descompone la luz en todos los colores, solamente un color se refleja a un ángulo que llega a nuestros ojos. Para que aparezca el arco iris, muchas gotas tienen que refractarse y reflejar los diferentes colores.

Si la luz choca con las gotas de lluvia a un ángulo determinado, pueden ocurrir dos reflexiones, apareciendo así un doble arco iris como el de la foto.

¿Quieres crear tu propio arco iris? Elige una hora en la que el sol no esté directamente sobre tu cabeza. Párate de espaldas al sol y con la manguera del jardín lanza el agua hacia arriba. Ajusta el ángulo del chorro en rocío hasta que aparezcan los colores.

¿Por qué sirve como espejo el agua?

Las aguas de un río en el Parque Nacional de Yosemite, en California, reflejan los riscos de la montaña El Capitán (derecha). La luz puede rebotar en cualquier superficie, pero sólo superficies lisas y brillantes como ésta producen imágenes en espejo. El río casi no se mueve. Si de repente soplara el viento, esta imagen nítida se desvanecería entre las ondas y desaparecería.

Cuando miras a tu alrededor, todo lo que abarca tu vista produce luz o la refleja. Cuando la luz del sol incide sobre El Capitán, rebota en la montaña y choca con la superficie del río.

La imagen que produce la luz en el ojo, en este caso la imagen de la montaña, los árboles y el cielo, es una imagen en espejo del paisaje. En una imagen en espejo, la luz se refleja en una superficie lisa en una sola dirección y rebota en la superficie con el mismo ángulo con el que choca con ella.

Cuando la luz choca con una superficie que no es lisa, como las ondas pequeñas producidas por el viento en el agua, también se refleja. Pero el movimiento del agua disemina los rayos de luz y se reflejan en muchos ángulos, por lo que no se puede ver una imagen clara. Si la luz no se diseminara cuando choca con la superficie, tú no podrías ahora leer estas líneas: verías tu cara en la página en lugar de palabras.

Montones de Nubes

¿Cómo se forman las nubes?

Ya sean grandes e infladas o delgadas y como plumas, todas las nubes son porciones de aire enfriado. El aire puede enfriarse conforme se eleva desde una superficie caliente, conforme sube por la pendiente de una montaña o conforme es levantado por otra masa de aire.

El aire contiene agua en estado gaseoso (vapor de agua). El aire caliente puede contener más moléculas de vapor de agua que el aire frío. Si se enfría hasta cierto punto, las moléculas en estado gaseoso pasan a ser gotas de agua, cristales de hielo, o una mezcla de ambos. Estas gotas y cristales son las nubes que vemos. Los científicos clasifican las nubes por su aspecto, composición y altitud a la que se forman en el cielo.

En el centro de la fotografía, unos cirros flotan sobre una capa de cirrostratos. Los dos tipos de nubes se forman a grandes altitudes, donde las temperaturas son de

bajo cero. Las dos están compuestas de cristales de hielo. Probablemente se formaron cuando una capa de aire caliente se elevó más arriba que otra capa de aire frío.

Como un monte de crema batida, un cúmulo grueso se posa sobre la montaña de la derecha. Estas nubes se forman luego de que corrientes de aire se elevan sobre la montaña y se enfrían.

La rara nube de la izquierda quizá te recuerde a un montón de tortillas. Se llama altocúmulo lenticular (altocumulus lenticularis). La palabra "altocúmulo" designa a una nube a media altura y de aspecto abultado. La palabra "lenticular" se refiere a las formas de plato que las nubes adoptan en ciertas circunstancias. Esta clase de nubes suelen formarse cuando el viento sopla sobre las laderas accidentadas o las superficies de las montañas.

¿Por qué se ve tu aliento en un día frío?

Generalmente tu aliento es invisible. Sin embargo, en los días fríos se hace visible como en la foto del niño y el gallo (abajo). En un día frío, cada vez que exhalas creas una pequeña nube.

Aunque la temperatura en el exterior descienda, tu cuerpo se mantiene a 37 °C. Así, el aire que exhalas en un día frío esta mucho más caliente que el aire de afuera. Puedes sentir el calor de tu aliento si pones tus manos cerca de tu boca y exhalas. Cuando el aire caliente se mezcla con el aire frío exterior, el vapor de agua de tu aliento se condensa (se convierte en gotas de agua) y se forma una especie de nube pequeña. Lo mismo sucede cuando el agua hierve en una cacerola. Al salir de la cacerola, el vapor de agua se mezcla con el aire frío del cuarto y se forma una pequeña nube. Como la nube de la cacerola, la nube de tu aliento se desvanece y se evapora. Pero cada vez que exhalas, creas otra nube.

JULIE HABEL/WEST LIGHT

THOMAS L. DIETRICH/APERTURE PHOTOBANK

¿Qué es la niebla?

Si has caminado por la niebla, sabrás cómo se siente tener la cabeza en las nubes. La niebla no es más que una nube en la superficie de la Tierra. Como las nubes del cielo, la niebla está compuesta de gotas de agua o cristales de hielo suspendidos en el aire. Por eso tu piel se siente húmeda cuando caminas por la niebla.

En los valles y otras zonas bajas, la niebla se suele formar en las noches claras cuando el aire contiene mucha humedad y sopla con calma. Si no hay nubes que reflejen el calor de regreso al suelo, éste libera calor y, conforme el calor escapa, el suelo se enfría. La capa de aire cerca de la superficie también se enfría. El vapor de agua que flota en el aire se condensa, formándose una niebla delgada o neblina (arriba). Normalmente, la neblina se "quema" durante la mañana mientras el sol calienta el suelo.

A la derecha, una niebla densa oculta el puente del Golden Gate, en San Francisco, California. El aire caliente y húmedo llega del Océano Pacífico y cerca de la orilla pasa sobre una corriente fría. Luego sigue su camino a la tierra fría. Conforme el aire se enfría, una niebla densa, como una cobija, se forma en la costa. Este tipo de niebla se conoce como niebla monzónica. Estas nieblas son más densas y duran más que la neblina descrita antes. Con frecuencia, impiden la visibilidad a lo largo de la costa, poniendo en peligro a las embarcaciones que se acercan a ella.

Agua Congelada

© GENE E. MOORE/PHOTOTAKE

¿Por qué se forma el granizo?

Si observas una nube de tormenta, podrás advertir que cambia de forma y se mueve rápidamente. Fuertes corrientes de aire dentro de la nube hacen que ésta se agite como una olla de agua hirviendo.

Las partes más altas de la nube alcanzan el aire más frío que congela el agua. Si la nube contiene corrientes fuertes de aire, éstas constantemente arrojan gotas de agua hacia arriba y hacia abajo. Cuando las gotas llegan arriba, se congelan. Al caer de nuevo arrastran una capa de humedad. Las corrientes lanzan a la gota hacia arriba una vez más y la capa se congela, formando una segunda capa de hielo. Una y otra vez, las corrientes arrastran los cristales congelados arriba y abajo dentro de la nube.

Al cabo de un rato, los granos de hielo son tan pesados que las corrientes de aire ya no pueden sostenerlos. Así, caen al suelo en forma de granizo, aunque a veces es una corriente fuerte de viento que los arrastra hasta el suelo.

Si cortas un granizo, podrás ver muchas capas. Esas capas se parecen a las capas que tiene una cebolla. Cada capa es el hielo que cubrió la gota de agua al subir y bajar dentro de la nube.

Sólo en las tormentas fuertes cae el granizo. Sus granos suelen ser chicos, de menos de 1 cm de diámetro. Pero hay tormentas violentas que pueden arrojar granizos más grandes. El que aparece en la foto de arriba cayó en un lugar de Texas, en Estados Unidos, durante una tormenta de primavera. Un granizo de este tamaño hizo en la carrocería de un coche la aboyadura que se ve junto a la mano de la persona. El granizo de la fotografía es grande, pero uno mayor cayó en 1970 en la parte central de ese mismo país. Medía unos 44 cm de diámetro, es decir, ¡del tamaño de un melón!

¿Qué forma la escarcha?

Al despertar, en una mañana fría de otoño miras al exterior y el prado y los árboles parecen ser de otro mundo. Como si alguien hubiera llegado durante la noche para rociarlos de azúcar glass: es, naturalmente, la escarcha.

Si crees que el agua sólo es líquida, te equivocas. Puede ser un gas invisible, llamado vapor, que se halla suspendido en el aire. También puede ser sólida: el hielo. La escarcha es una clase de hielo.

Durante una noche clara y serena, el calor se desprende del suelo. Éste se enfría junto con el aire cerca del suelo. Si el aire se enfría a un grado determinado, el vapor de agua en contacto con cualquier superficie fría, como una hoja o el cristal de una ventana, cambiará de estado. Cuando la temperatura es de 0 °C o más baja, el vapor se convierte directamente en cristales de hielo: la escarcha.

A la izquierda, vemos que al exhalar el aire de los pulmones, el aire caliente que sale de la boca se convierte instantáneamente en escarcha en la barba y el bigote de este hombre y en los lados del sombrero. La escarcha se formó también de manera parecida en el árbol de la foto. La temperatura del aire descendió lo suficiente como para que el vapor de agua se convirtiera en escarcha.

Hielo y Nieve

¿Qué sucede durante una época glaciar?

Una época glaciar se extiende lentamente sobre la Tierra. Durante muchísimo tiempo el clima se vuelve cada vez más frío. Cada año cae más nieve y más de ésta permanece todo el año. Se comprime hasta endurecerse y se forman glaciares: enormes masas de hielo tan pesadas que se mueven a causa de su propio peso.

Con el tiempo, gran parte del agua de la Tierra se congela. El nivel de los mares desciende, dejando al descubierto tierras nuevas en las zonas costeras.

Mientras la masa de hielo se mueve sobre la Tierra, el suelo sufre cambios. El enorme peso del hielo que avanza aplana montañas y cubre valles, desgasta las tierras y tritura las rocas. A la derecha puedes apreciar la fuerza de un glaciar cuando avanza. Dos glaciares han confluido en el valle de esta montaña. Las rocas arrastradas por el glaciar forman las morrenas.

¿Qué es lo que provoca una época glaciar? Se sabe que los continentes se mueven. Las épocas glaciares se originan cuando un continente como la Antártida se desliza sobre uno de los polos terráqueos o cuando el Ártico queda aislado de las corrientes de otros mares. Las condiciones son entonces tan frías en la región polar que el hielo se acumula. Las grandes placas de hielo se mueven hacia el ecuador. Una época glaciar puede durar cientos de miles de años. Durante ese tiempo, las irregularidades en la órbita de la Tierra y en sus períodos de rotación provocan cambios en la cantidad de luz solar que llega a la Tierra y períodos fríos o etapas glaciares se alternan con etapas templadas.

Ahora estamos en una época glaciar, pero en una etapa cálida. Esta época glaciar comenzó hace alrededor de 1 3/4 millones de años. La última llegó a su fin hace unos 10,000 años. Entonces, gruesos bloques de hielo cubrían más de una tercera parte de la Tierra. El mapa muestra hasta dónde llegó el hielo en Norteamérica.

Hoy día, los glaciares cubren sólo una décima parte de la Tierra. Los científicos no esperan un período de hielo hasta dentro de unos 5,000 a 100,000 años más.

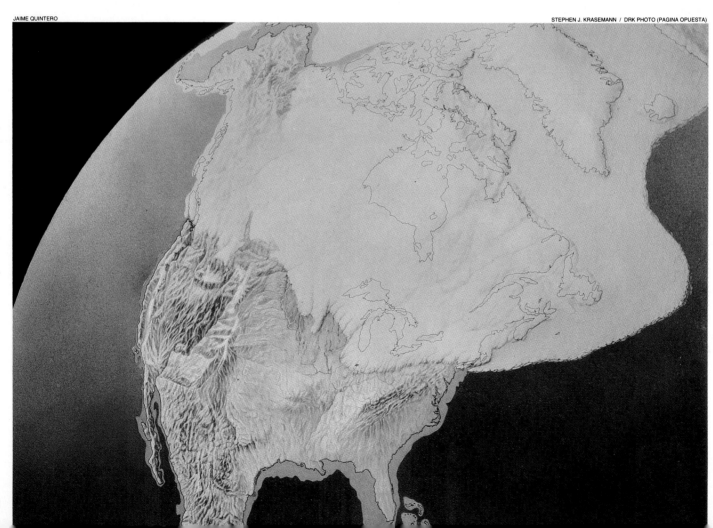

¿Cómo se forma un iceberg?

Tú sabes que, cuando pones un cubo de hielo dentro de un vaso de agua, el hielo flota. Pero habrás observado que casi todo el hielo está bajo el agua. El enorme bloque de hielo que se ve a tu izquierda es un iceberg del que sólo una parte flota fuera del agua. El resto del iceberg queda oculto bajo el mar.

Los icebergs son trozos de glaciares. Cuando un glaciar llega al mar forma un acantilado de hielo junto al agua que puede llegar a medir hasta 122 metros de alto. Poco a poco, parte del hielo entra en el agua. Al principio flota, pero, cuando empieza a derretirse, se resquebraja en las partes más débiles. Enormes pedazos, los icebergs, se desprenden y quedan a la deriva. A la izquierda un trozo de hielo desprendido cae al agua.

Los icebergs de mayor tamaño se forman a lo largo de la costa de la Antártida. Pueden ser enormes, del tamaño de un pequeño país y pesar millones de toneladas. Otros se forman en Groenlandia, una isla cubierta de hielo que se halla al Noreste de Norteamérica. Pueden flotar durante muchos años en el agua fría, pero muchos llegan a aguas más templadas y se derriten.

En muchos casos, sólo una octava o décima parte del iceberg sobresale del mar. El resto permanece bajo el agua, donde no se puede ver. En 1912, el Titanic chocó con un iceberg y se hundió, muriendo en el accidente mil quinientas personas. Hoy, hay patrulleros que buscan icebergs para prevenir a los barcos del peligro.

¿Cómo se forman las cuevas de hielo?

Si alguna vez has explorado el interior de una cueva, habrás comprobado que es fría y...¡hermosa! Una cueva de hielo es mucho más fría y puede ser más hermosa todavía.

Una cueva de hielo es como un palacio brillante de cristal. La luz, al atravesar las gruesas paredes de hielo, les da un hermoso color azul y sus reflejos adquieren un tono diamantino.

Estas cuevas se forman al pie de los glaciares. Cuando el pie del glaciar comienza a derretirse, el agua forma riachuelos debajo del glaciar. El aire caliente del verano no tarda en penetrar soplando en los riachuelos y canales, acelerando el proceso de derretimiento del glaciar. Así, la acción del agua y del aire acaban por crear un gran hueco en el glaciar.

Estas cuevas glaciares suelen ser grandes. La que se ve arriba, en un glaciar del estado de Washington, tiene una anchura de unos doce metros y, algunas de sus partes alcanzan la altura de un edificio de tres pisos. Rocas y tierra, arrastradas por el glaciar a su paso por las laderas del Monte Rainier, cubren el suelo. Resulta muy peligroso explorar estas cuevas. Grandes bloques de hielo caen del techo y pueden sobrevenir inundaciones repentinas. Los aficionados sólo deben explorarlas con las fotografías que toman los espeleológos.

¿Por qué la nieve permanece en las cumbres durante todo el año?

La presencia de nieve no significa que sea invierno, especialmente en la cima de una montaña. Algunas cimas están cubiertas de nieve todo el verano. Puesto que la cima de una montaña está más cerca del sol que el pie de ésta, uno podría pensar que allí arriba hace más calor. En realidad, es la parte más fría. La densa atmósfera cerca del pie de la montaña retiene fácilmente los rayos solares.

A medida que se asciende a la cumbre, sin embargo, la atmósfera se vuelve más enrarecida. Cuanto más enrarecido es el aire, menos calor atrapa y la temperatura desciende cada vez más. En algunas cumbres, como el Mount Cook, en Nueva Zelanda (abajo), el frío es tan intenso que la nieve permanece todo el año.

El punto en que la nieve nunca se derrite se llama línea o nivel de las nieves perpetuas. Las cimas de las regiones templadas tienen un nivel más alto y las montañas de las regiones frías tienen un nivel más bajo.

El enfriamiento gradual del aire a medida que se asciende influye en la vida de las plantas. Los árboles de hoja caduca viven en climas templados, y crecen cerca del pie de la montaña. Los árboles de hoja perenne crecen arriba de la montaña y sólo la planta más resistente crece cerca de la línea de las nieves perpetuas.

Energía en el Aire

¿Cómo se origina un tornado?

El tornado gira y gira como un trompo alocado. Produce vientos de hasta 400 kilómetros por hora, los más rápidos y más violentos de la Tierra.

La mayoría de ellos se originan en el centro y sur de Estados Unidos. Ahí, en primavera y principios del verano, se dan las condiciones apropiadas para un tornado. El viento frío y denso del norte choca con otro ligero y caliente procedente del sur. Este último comienza a girar en sentido contrario a las manecillas del reloj hasta que sube por encima del aire frío. Unas fuertes corrientes de vientos que soplan a unos 8 km de altura succionan el aire ligero hacia arriba. Muy pronto se forma una línea de oscuras nubes de tormenta. En la parte más baja de la nube, otra nube en forma de embudo aparece y, acompañada de un silbido, llega hasta el suelo. El silbido no tarda en convertirse en un rugido: el del tornado.

Al principio, el tornado tiene la forma de un embudo delgado. **1)** Mientras el tornado ruge sobre el suelo, succionando polvo y basura, el embudo es cada vez más oscuro, más ancho y más potente. Su centro es como una aspiradora gigantesca. Puede levantar automóviles y hasta vagones de ferrocarril, transportándolos varios centenares de metros. **2)** El violento torbellino arranca a pedazos los edificios y a los árboles de cuajo como si fueran cerillos. **3)** El tornado actúa en cuestión de segundos, hasta que se va debilitando y desaparece.

Por fortuna, duran menos de una hora y su recorrido comprende no más de unos 32 km. Se vigila su llegada y se avisa a la población informando de su trayectoria. Mediante el estudio de los tornados, los especialistas esperan encontrar cómo controlar estas potentes tormentas.

© GENE E. MOORE/PHOTOTAKE

¿Qué es una tromba marina?

Esta especie de columna que está dando vueltas parece un tornado, pero no lo es. Es una tromba marina, frecuente en las costas de Florida.

Las trombas suelen generarse sobre las aguas tropicales poco profundas durante la temporada de lluvias. Se forman cuando el aire dentro de unas nubes llamadas cumulonimbos empieza a girar hacia abajo hasta llegar al agua. El viento recoge las gotas de agua suspendidas en el aire, creando embudos de aire y de agua que giran en torbellino.

En ocasiones, unas trombas mucho más potentes se forman como consecuencia de la unión con un tornado procedente del mar. Por fortuna, éstas son menos frecuentes que las primeras. Aunque la tromba marina es mucho menos potente que una tromba con tornado, la persona de la foto debe tener cuidado, porque una tromba común arrastra vientos de hasta 161 km/h.

¿Cómo se forma un huracán?

Desde el suelo, el huracán parece un viento violento y sin forma (abajo). Pero si pudiera verse desde lo alto, comprobaríamos que tiene una forma determinada, la de un remolino nubloso.

Los huracanes se forman en las aguas tropicales. Los que azotan la parte norte de América suelen formarse en el océano Atlántico, por encima del ecuador, en verano y en otoño. Las capas de aire caliente y húmedo suben y se enfrían, formando nubes. La rotación de la Tierra hace que las nubes giren también.

En el Atlántico, los vientos arrastran la tormenta hacia el oeste y luego hacia el norte. A medida que avanza, aumenta su tamaño y su velocidad. Cuando los vientos alcanzan los 119 km por hora, los meteorólogos llaman huracán a la tormenta. Comienzan entonces a transmitir las llamadas de advertencia. Los huracanes más fuertes pueden recorrer 800 km. Su centro comprende una zona calmada y a veces despejada de nubes: el ojo del huracán. Alrededor del ojo, fuertes lluvias invaden la región.

Algunos huracanes mueren en el mar, otros rugen en tierra adentro, donde los vientos furiosos llegan a los 322 km por hora. Derriban árboles y los cables eléctricos, arrancando los techos de las casas. En el mar levantan olas o mareas enormes. Estas olas, algunas del tamaño de un edificio de dos pisos, invaden arrasando la tierra firme. Pueden arrastrar a personas, coches e incluso edificios.

Una vez que el huracán sopla en tierra firme, pierde su fuente de energía, el aire húmedo y caliente, y los vientos van perdiendo fuerza. Conforme el huracán se disuelve en fuertes lluvias, suele provocar tornados.

¿Qué ocasiona los relámpagos?

Con energía suficiente para encender miles de focos, los relámpagos destellan en el cielo. Los científicos piensan que los relámpagos se forman en las nubes cargadas de electricidad. En estas nubes, gotas de agua, cristales de hielo y partículas de polvo chocan entre sí. Se frotan y luego se separan generándose energía entre ellos, es decir, se forman cargas positivas o negativas.

Las partículas pequeñas generan cargas positivas, y las grandes generan cargas negativas. Las cargas positivas se concentran en el centro y en la parte de arriba de las nubes. Las cargas negativas, más pesadas, caen hasta abajo, convirtiéndose entonces la nube en una batería gigantesca, con carga positiva en la parte de arriba y carga negativa abajo. Las cargas iguales se repelen y las cargas opuestas se atraen; así, las cargas opuestas en la nube se atraen. Pero como el aire es un mal conductor de electricidad, separa las cargas impidiendo que se unan. Cuando se almacenan las suficientes cargas opuestas en la nube, se unen súbitamente y producen el relámpago.

Por lo común el relámpago salta de una parte a otra de la nube. A veces de una nube a otra. Otras veces, se pierde en el aire. Una tercera parte de las veces, cae sobre la Tierra. Los científicos no saben cómo predecir qué trayectoria seguirá el relámpago ni donde caerá exactamente. ¿Por qué un relámpago no choca contra la Tierra más a menudo? Porque la gruesa capa de aire entre las nubes y la Tierra impide que pueda hacerlo.

Cuando el relámpago perfora el cielo, calienta el aire a su paso a temperaturas hasta de 29,982 °C. Instantáneamente, el aire explota en una serie de ondas, cuyo estruendo o estallido, que conocemos como trueno, llega a nuestros oídos.

Las Fuerzas Subterráneas

¿Por qué los volcanes hacen erupción de distintas maneras?

La forma en que un volcán entra en erupción depende de qué sucede dentro de la Tierra. Muy por debajo de la superficie terrestre, las temperaturas son muy altas. En algunas partes la roca se derrite y forma una sustancia candente y fluida, el magma. Éste contiene gases disueltos y, cuando están en gran cantidad hacen que el magma sea fino y líquido. El magma que no contiene gran cantidad de gases es espeso y pegajoso.

Como el magma pesa menos que la roca sólida que le rodea, poco a poco sube a la superficie terrestre. A veces sale violentamente formando un volcán. El magma que sale a la superficie se llama lava. La lava líquida que arroja el volcán está al rojo vivo. A la izquierda, la lava líquida y cenizas volcánicas salen del volcán Kilauea, en Hawaii. Abajo, fluyendo como un río, la lava se precipita por la ladera del volcán.

Cuando el magma líquido sale como lava, expulsa gran cantidad de gas. El magma viscoso y pesado retiene el gas. Cuando el gas sale a la superficie, la lava explota en forma de ceniza, polvo volcánico y grumos de piedra derretida llamados bombas. A la derecha podemos ver una erupción en el Monte Santa Helena. En mayo de 1980, este volcán entró en erupción con un fuerte estruendo. La gente pudo oír la explosión desde más de 322 kilómetros de distancia. ¿Por qué explotó? El magma, sometido a alta presión, subió hasta la cima del volcán y un terremoto desencadenó la erupción. Miles de millones de fragmentos de cenizas volcánicas y polvo oscurecieron el cielo a lo largo de cientos de kilómetros.

M.P.L. FOGDEN/BRUCE COLEMAN LTD.

¿Cómo podemos aprovechar la energía del interior de la Tierra?

En vez de quemar aceite o carbón, la planta de energía (abajo) utiliza energía geotérmica o calor de la Tierra. La gente puede aprovechar esta fuente de energía en los lugares donde el magma calienta el agua subterránea. Ésta se encuentra cerca de la superficie terrestre.

En algunos lugares, el magma se forma muy abajo y no puede calentar el agua. En otras partes, el magma está sólo a 16 kilómetros de profundidad. Calienta las capas rocosas que están alrededor y el agua que pasa por ellas. El agua hierve y se convierte en vapor bajo una gran presión. A veces, la presión da origen a un géiser o a un manantial de aguas termales. En otras partes, el vapor escapa por una abertura natural. Esta abertura se llama fumarola.

Para aprovechar el vapor subterráneo, los ingenieros taladran pozos en las capas de roca y colocan tuberías en los pozos para que el vapor suba a la superficie. Allí, el vapor con alta presión se convierte en electricidad mediante el uso de máquinas apropiadas.

JEAN-PAUL FERRERO/ARDEA LONDON

¿Cómo nace un géiser?

El vapor y el agua caliente brotan en surtidor del géiser Castle en Yellowstone, Estados Unidos (arriba). El géiser brota por un tiempo y luego, se detiene. Cuando le llega más agua y ésta llega a la ebullición, el géiser entra de nuevo en erupción.

Para imaginarte cómo funciona un géiser, piensa en un sistema de tubos estrechos que se retuercen hacia la profundidad de la Tierra. Estos tubos descienden desde una abertura en la superficie terrestre hasta el magma que está al rojo candente. El agua de lluvia y la nieve derretida entran continuamente dentro de los tubos. El magma calienta la roca, la que calienta el agua que está en el fondo de los tubos. El agua sube más arriba del punto de ebullición (más de 100 °C). Sin embargo, el peso del agua de arriba impide que el agua de debajo hierva. Pero el agua de encima se calienta y empieza a hervir. El vapor sube y empuja una pequeña cantidad de agua por la abertura. Esto hace que la presión descienda lo suficiente como para que el agua del fondo hierva de inmediato, creando rápidamente más vapor que sale en surtidor.

La Tierra en Movimiento

VOLKER CORELL/SKYLINE FEATURES, INC.

¿Pueden predecirse los terremotos?

El terremoto que arrasó a Coalinga, en California, en 1983 sacudió por sorpresa a los habitantes de la zona. Esto sucede porque no se puede todavía predecir con exactitud dónde y cuándo va a haber un terremoto. Sin embargo, sí saben que los terremotos se dan a lo largo de fallas: grietas en la corteza terrestre. Aquí, el movimiento de la corteza provoca que la energía almacenada sea de repente expulsada. Esta energía liberada se detecta como un terremoto. Para tratar de predecir dónde y cuándo ocurrirá el terremoto, se usan numerosos instrumentos sensibles (los usan bajo el suelo, en la superficie y en el espacio). Los instrumentos miden cambios que podrían anunciar su llegada. A la derecha, la luz de un láser ilumina una falla en California. Un espejo reflejará la luz de regreso al láser. Si la Tierra se mueve, el tiempo que emplea la luz en hacer un viaje redondo cambia. Se están estudiando los terremotos pasados en busca de algo en común que les sirva como señal de alarma en el futuro. Estas observaciones están llevando a los científicos a poder predecir los terremotos.

CHUCK O'REAR/WEST LIGHT

¿Por qué es tan alto el Himalaya?

Las montañas más altas del mundo son las que forman en Asia la cordillera llamada Himalaya. Los picos del Himalaya son tan altos por la manera en que se formaron y porque todavía siguen elevándose.

Para darte una idea de cómo se formó el Himalaya, imagínate a los continentes de la Tierra y a los suelos de los océanos como piezas de un rompecabezas. Estas piezas, las placas tectónicas, constituyen la superficie terrestre. Debajo de esta superficie hay una capa de roca incandescente. El calor interior de la Tierra provoca el movimiento de las placas.

Hubo un tiempo en que un mar separaba a la India del resto de Asia. El Himalaya comenzó a formarse cuando el borde de la placa que empujaba contra la India comenzó a deslizarse por debajo de la placa que soportaba al resto de Asia. Esto levantó parte del fondo del océano hasta que la India chocó contra Asia, hace unos 40 ó 60 millones de años y surgió el Himalaya.

El continente indio ha seguido empujando contra Asia, y las montañas han ido elevándose desde los últimos 600,000 años. Algunos terremotos en Asia pueden haber sido ocasionados por el choque continuo de las placas.

El Himalaya pierde poco a poco su tamaño por las lluvias, el viento y el hielo en movimiento. Muchos científicos creen, sin embargo, que la cordillera se eleva más rápidamente que lo que pierde de tamaño.

El pico que vemos a la derecha, atravesado por las nubes es el Monte Everest, el más alto del mundo. Se encuentra en el Himalaya, en la frontera con Nepal y China. Abajo, dos hombres descansan en la cima después de semanas agotadoras de escalar. Las capas de piedra de la cumbre del Monte Everest, a 9 km sobre el nivel del mar, una vez estuvieron en el fondo del océano.

PAT MORROW/FIRST LIGHT

BILL O'CONNOR/PETER ARNOLD, INC.

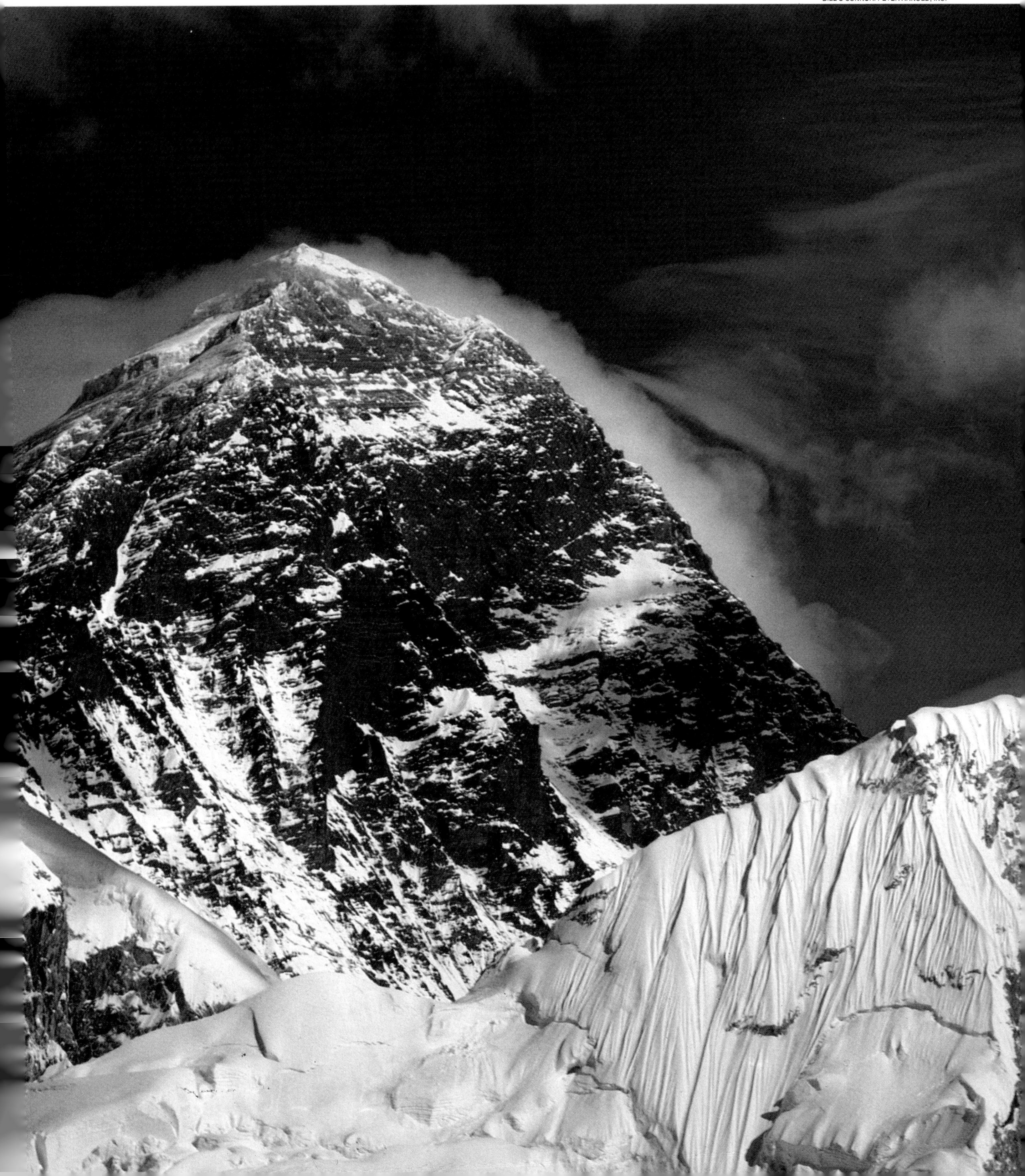

Huesos Fósiles

¿Por qué murieron los dinosaurios?

Un dinosaurio hecho, en tamaño real, de acero y de cemento surge por entre los árboles (arriba). Este dinosaurio, al igual que otros 20 más están en Prehistoric Gardens, un parque en Puerto Orford en Oregon, Estados Unidos. Podemos hacer estos modelos porque los científicos saben qué aspecto tenían los dinosaurios. Saben también dónde vivían, pero no se sabe por qué estos animales desaparecieron de nuestro mundo hace 65 millones de años.

El dibujo de la derecha plantea varias posibilidades para resolver el misterio. Con el tiempo, la Tierra lentamente se ha ido fraccionando y los cometas llueven desde el cielo. El dinosaurio muere de frío porque la Tierra se enfría y dos mamíferos se acurrucan. Los mamíferos, animales que se alimentan con la leche de la madre cuando son pequeños, pudieron sobrevivir a lo que mató a los dinosaurios.

Muchos científicos creen que la Tierra se volvió muy fría para los dinosaurios. La superficie de la Tierra está hecha de placas rocosas que se mueven lentamente.

Durante millones de años, estos movimientos han levantado las montañas y provocado los terremotos y que enormes masas de tierra se separaran. Se cree que estas perturbaciones hicieron que el clima se enfriara y se piensa que, incluso inviernos ligeramente más fríos y más largos y veranos con más sequías hubieran podido ser causa suficiente para su extinción.

Recientemente, algunos científicos han sugerido que un asteroide (una masa de piedra y metal procedente del espacio) o una lluvia de cometas pudo haber caído en la Tierra en el tiempo en que los dinosaurios murieron. Una nube enorme de polvo, dicen, invadió el aire, bloqueando la luz del Sol; esto provocó bajas temperaturas y destruyó la vida vegetal, lo cual puede haber sido el golpe mortal para los dinosaurios.

Cualquiera que fuera la causa, los pájaros y los mamíferos de alguna manera sobrevivieron. Las plumas o el pelo los han de haber protegido de las bajas temperaturas. Quizás un día puedan los científicos juntar todas las piezas de este rompecabezas.

BRR-R

79

¿Cómo se convierte un hueso en fósil?

Por cada hueso que se convierte en fósil, millones de ellos no llegan a ello. Hacen falta millones de años y condiciones muy especiales para que un fósil se forme. Los fósiles son restos de la vida en la antigüedad. A la derecha, huesos fosilizados salen a la tierra en la región de South Dakota, en Estados Unidos. Abajo, el cuerpo de un bisonte se descompone lentamente. Aunque los restos del bisonte están en la misma región que el fósil de la derecha, aquéllos no durarán mucho; serán destruidos por los animales y por el clima.

Para fosilizarse, los huesos tienen que quedar enterrados. Esto es lo que sucede cuando el animal muere junto a un río, un lago o el mar. En esos lugares, el agua deposita arena, lodo y otros materiales de grano fino encima del cuerpo. El tejido frágil se descompone y los huesos empiezan el lento proceso de fosilización.

Durante miles de años, los minerales entran dentro de los huesos, convirtiéndolos en fósiles al rellenar los minerales los pequeños poros. A medida que estos minerales se almacenan, los huesos se vuelven más pesados y más resistentes, conservando su forma inicial. La fosilización sigue su marcha hasta que los huesos han sido completamente sustituidos por los minerales. Los huesos se han petrificado, se han convertido en piedra.

TOM BEAN/DRK PHOTO

¿Cómo se calcula la edad de un fósil?

Los científicos usan muchos métodos para saber la edad de un fósil. A menudo comparan los nuevos hallazgos con fósiles cuyas edades ya se conocen. La edad de la piedra que rodea al fósil sirve de guía. El científico de la derecha está retirando la piedra que rodea a unos huesos fosilizados de un pequeño caballo de patas de tres dedos. Como los huesos de la foto de arriba, este esqueleto proviene de la región de South Dakota. Como se conoce la edad de la capa de piedra que contiene el fósil, calculan su edad en unos 30 millones de años.

Se mide la radiactividad para calcular la edad. Toda materia viva contiene una forma radiactiva de carbono, el carbono-14. Al morir una planta o un animal, su carbono-14 se descompone gradualmente. Al medir la cantidad de carbono-14, se puede calcular la edad del fósil (hasta los 45,000 años); después de ese periodo, casi todo el carbono-14 ha desaparecido. Para los fósiles más antiguos, los científicos examinan las rocas circundantes en busca de elementos radiactivos. Cuando un elemento radiactivo se descompone, se convierte en otro y los científicos miden las cantidades de los dos. Cuanto más quede del elemento original, más joven es el fósil que se estudia. Con estas pruebas, se puede incluso calcular la edad de una piedra que tenga de 100,000 a miles de millones de años de antigüedad.

JIM BRANDENBURG/WEST LIGHT

Riquezas del Suelo

JIM BRANDENBURG

¿Por qué brillan los diamantes cortados?

Observa los diamantes en bruto de la foto de arriba. Advertirás que las piedras tienen cierto brillo, pero no resplandecen. Observa ahora el enorme diamante Hope y las piedras mas pequeñas del collar de la derecha. Estos diamantes sí deslumbran.

¿Cuál es la diferencia entre los diamantes de las dos fotografías? Los diamantes en bruto sólo han sido lavados al salir de la mina. Las piedras del collar han sido talladas.

El diamante tallado tiene superficies angulares, pequeñas y lisas, las facetas. Éstas reflejan la luz contra el diamante, haciéndolo brillar. Las facetas de arriba guían y doblan los rayos de luz cuando penetran el diamante. Los rayos se dispersan y forman colores. Si el diamante se talla correctamente, las facetas de abajo actúan como espejos y reflejan la luz.

Hace siglos, antes de que la gente aprendiera a tallar

o cortar diamantes, los gobernantes indúes se colgaban las piedras en bruto. Después, se descubrió cómo darle forma a las gemas. Se supo que un diamante sólo puede cortarse con otro diamante. Porque el diamante es la sustancia más dura que se conoce en la Tierra.

El diamante Hope, que fue cortado de una piedra aún más grande, es hoy en día el diamante azul más grande del mundo. Un gran misterio envuelve al diamante Hope. Según la leyenda, el Hope le trae mala suerte a su dueño. Algunos dueños del diamante, en efecto, se vieron en la desgracia, pero sólo los supersticiosos creen que el diamante fue la causa de sus problemas. El último dueño del diamante lo donó a la Smithsonian Institution, en Estados Unidos, en 1958, donde atrae a millones de visitantes cada año. Hay quienes van a ver el diamante por su belleza. Muchos más van a verlo probablemente por su leyenda.

¿Por qué se puede encontrar oro en algunos arroyos?

Pueden ser tan chicas que caben en una uña, pero estas pepitas brillantes (abajo) se encuentran, en efecto, en el fondo de algunos arroyos. A la izquierda, un hombre busca pepitas de oro en un arroyo de Alaska.

El oro en el fondo de los arroyos no ha estado allí siempre. Se cree que el oro se formó hace mucho en las profundidades de la Tierra. Al subir a la superficie los gases y los líquidos, llevaron consigo el oro disuelto. Estos gases y líquidos llenaron los espacios dentro de las rocas. Los cristales de oro crecieron en los pequeños espacios. En las grietas y espacios más grandes, el oro formó depósitos llamados venas o vetas.

Con el tiempo, la roca se fue desgastando. El agua y el viento desprendieron las pepitas y escamas o pajitas de oro. La lluvia las arrastró hasta los arroyos.

El oro pesa casi 20 veces más que el agua y es más pesado que la mayoría de las clases de roca. Un torrente de agua arrastra consigo las escamas y pepitas chicas, pero las grandes se hunden y quedan estancadas en los lugares donde el arroyo corre más despacio.

Los gambusinos buscan el oro en los depósitos y en las hondonadas del lecho de los ríos. Los huecos de las rocas y los pedruscos son buenos lugares para buscar. La presencia de oro en estos lugares puede ser señal de que haya filones de oro en los montes cercanos.

Si quieres probar suerte buscando oro, inspecciona una zona donde la gente haya encontrado el metal en el pasado. Con una gamella (izquierda) recoge una carga de agua y de material del fondo del arroyo. Mueve la gamella y separa los montones grandes de material. Las pepitas y escamas de oro se hundirán hasta el fondo. Inclina la gamella para que se salga el agua, llevándose consigo el lodo y la arena. Retira la grava. Si tienes suerte, verás brillar pepitas de oro en tu gamella.

Rocas y Arenas Extrañas

BILL ROSS/WEST LIGHT

¿Por qué algunas rocas se mueven solas en el desierto?

Huellas de deslizamiento serpentean sobre el lecho seco de un lago en el Valle de la Muerte, en California. Las señales muestran que las piedras se han movido. Se cree que la lluvia, el hielo y el viento son la causa. La lluvia de algunas tormentas y las heladas del invierno hacen que la arcilla del lecho del lago se vuelva muy resbalosa. Así, los vientos fuertes que soplan en el valle empujan las rocas a grandes distancias, a veces cientos de metros. Las rocas al resbalar dejan las marcas en el suelo. Cuando el desierto se vuelve a secar después de la lluvia o el deshielo, el lodo y las marcas se vuelven tan duros como el cemento.

¿Cómo se forman las dunas de arena?

En el Valle de la Muerte (California) los montes de arena se extienden hacia el cielo (abajo). Estos montes, llamados dunas, se forman cuando la arena que arrastra el viento se topa con un obstáculo y comienza a amontonarse. Estas huellas que se hunden en la arena, pronto las borrará el viento.

En general, las dunas no permanecen fijas en el mismo sitio durante mucho tiempo. Sus miles de billones de granos de arena son arrastrados por los vientos, tanto en el desierto como en la playa. La forma de la duna depende de la cantidad de arena así como de la velocidad, fuerza y dirección del viento que la empuja.

En lugares en que el viento sopla en muchas direcciones, se forman a veces dunas en forma de estrella o, cuando el viento sopla con la misma fuerza en direcciones contrarias, puede dar origen a dunas en forma de "S". Algunas parecen lunas crecientes, cuando el viento sopla en una dirección y levanta la arena de uno de los lados, depositándola en el otro. El centro de la duna se engrosa y las puntas se adelgazan. El viento persistente empuja las puntas apartándolas del centro y formando una curva.

DAVID HISER/THE IMAGE BANK

ART WOLFE/APERTURE PHOTOBANK

¿Cómo se crean formas extrañas en las rocas?

En Utah, Estados Unidos, algunas de las rocas del Canyonlands National Park tienen formas tan raras que la gente les ha puesto nombres. La Muela y El Arco del Ángel son los nombres de las formaciones que vemos en la foto de arriba. ¿Puedes ver por qué? Las rocas de la izquierda talladas por la naturaleza se elevan como torres encantadas sobre el suelo de Alberta (Canadá).

El viento y el agua desgastan la roca en un proceso llamado erosión. La roca se agrieta y el agua se congela en las grietas. Al congelarse, el agua se dilata, ensanchando las grietas. Algunas rocas, como la caliza del Canyonlands National Park, se erosionan fácilmente, formando figuras raras. Los trozos de piedra caen al suelo por la fuerza de la gravedad y el viento, y el agua de las tormentas o de los ríos los arrastran.

Estas rocas se formaron cuando la tierra que las rodeaba se fue desgastando, dejando grandes piedras encima de las columnas de roca y tierra. Su forma se debe a que las piedras más duras de encima protegieron a las columnas (más blandas) de los efectos de la erosión.

CINDY McINTYRE / WEST STOCK (PÁGINA OPUESTA)

¿Cómo salirse de las arenas movedizas?

En el Little Colorado River (Arizona) hay arenas movedizas (derecha). Si te quedaras de pie en esa arena, verías como, bajo tus pies, ésta se movería como si fuera gelatina. Unos cuantos pasos más, hacia la arena cubierta con una capa de agua ¡y te hundirías!, pues son arenas movedizas.

Las arenas movedizas se forman cuando el agua forma un fluido viscoso y espeso. Aunque puede parecer sólida y firme, los granos de arena están demasiado separados para aguantar el peso de una persona.

El hombre (abajo) dejó que una de sus piernas se hundiera hasta el muslo en las arenas movedizas del Little Colorado; otra pierna se hundió hasta la rodilla. Entonces, inclinó su cuerpo hacia adelante. El peso de su cuerpo ejerce presión sobre la pierna que se dobla hacia adelante y arrastra a la otra pierna, sacándola lentamente de la arena pegajosa.

Este método permite, por lo general, que una persona pueda escapar de las arenas movedizas. A veces, es necesario repetir los pasos varias veces. En el caso del ejemplo, el hombre tardó un minuto en liberarse. Recuerda este modo de escapar si alguna vez llegas a pisar sobre las arenas movedizas.

También puedes escapar de ellas si te estiras sobre la superficie, como si flotaras de espaldas en el agua. Luego, rueda suavemente hasta la tierra firme. Con cualquier método que uses, el secreto consiste en reaccionar con rapidez y moverte con resolución. La persona que se ve presa del pánico sólo conseguirá hundirse más.

MICHAEL COLLIER/STOCK, BOSTON

MICHAEL COLLIER

Alerta en el Espacio

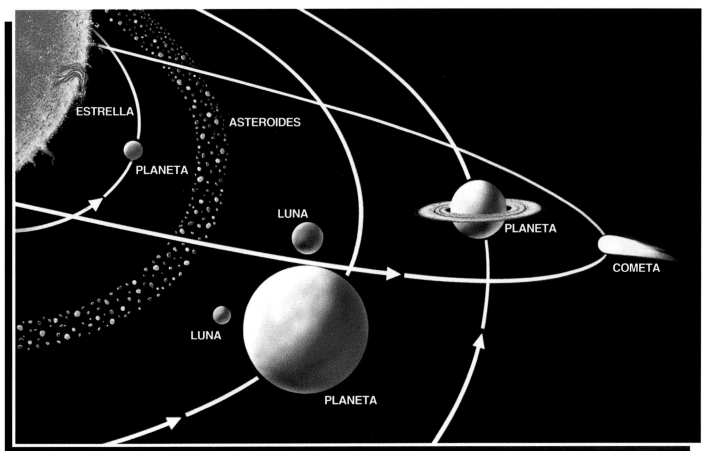

ESTRELLA

ASTEROIDES

PLANETA

LUNA

PLANETA

COMETA

LUNA

PLANETA

MARVIN J. FRYER

¿De qué se compone un sistema solar?

Un sistema solar, como el de arriba, consta de una estrella y de cuerpos que giran en torno a ella. La estrella es como una caldera giratoria que produce luz y calor. La gravedad de la estrella controla los movimientos de los cuerpos, que pueden ser planetas, lunas, asteroides o cometas. También puede tener meteoroides que son tan pequeños que no se ven en el dibujo.

Se piensa que los sistemas solares se forman de nubes de polvo y gas de las estrellas extinguidas. Durante cientos de miles de años, parte del material se contrae, formando un disco que gira. Las partículas que giran hacia el centro del disco se juntan, provocando que la temperatura aumente a millones de grados; el centro comienza su ignición y nace una estrella. La estrella de nuestro sistema solar es el Sol.

En otras partes del disco, montones más pequeños de material se juntan y se enfrían, formando planetas y lunas. Se conocen nueve planetas que giran en torno a nuestro Sol. Cada uno gira en una órbita casi circular. Otros pedazos de material nunca llegan a juntarse ni a formar planetas o lunas. Miles de billones de estos pedazos, llamados asteroides, giran alrededor del Sol, la mayoría de ellos formando un ancho cinturón.

Los cometas son bolas de hielo, gas y polvo. Se cree que una nube enorme de ellos gira en órbita muy lejos del Sol. A veces, una estrella fugaz empuja a un cometa hacia el Sol en una órbita elíptica. Cerca del Sol, parte del cometa se derrite, desprendiendo una cola de gases y de polvo.

Esos trozos de piedra y metal, llamados meteoroides, circulan por el sistema solar. Si uno de ellos entra a la atmósfera que rodea a un planeta, se calienta y brilla. Entonces, se llama meteoro. Algunos de éstos chocan contra la superficie del planeta o luna y se conocen entonces como meteoritos.

Sólo se conoce un sistema solar: el nuestro. Pero se tienen fotos de grupos de cuerpos que podrían ser otros sistemas solares. Los científicos, con la ayuda de telescopios, esperan tener pruebas de la existencia de otros sistemas solares.

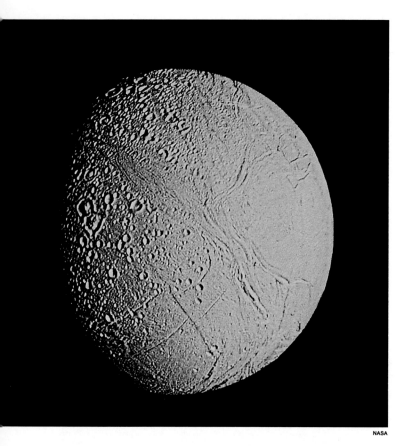

¿Tienen lunas todos los planetas?

Muchas lunas, más de 50, giran en torno a los planetas de nuestro sistema solar. Los únicos planetas que no tienen lunas son Mercurio y Venus. Los demás tienen uno o más satélites y a todos se les ha puesto nombres. A veces, también los llamamos lunas, como a nuestro propio satélite, la Luna.

Saturno tiene 17 lunas (más que cualquier otro planeta). Una de ellas, Encelado (arriba), refleja toda la luz que brilla en ella. Encelado es el cuerpo más brillante del sistema solar después del Sol. Titán es la luna más grande de Saturno. Es más grande que Plutón o Mercurio. A diferencia de la mayoría de las lunas, Titán tiene atmósfera que contiene una especie de "smog" café rojizo. No se sabe qué hay debajo de esta capa, pero se cree que un océano de gases líquidos cubre grandes partes de Titán.

Algunas de las 16 lunas conocidas de Júpiter tienen superficies de hielo. Una de ellas, llamada Io, tiene volcanes activos que lanzan material a distancias de hasta 280 km. Las dos lunas de Marte son rocosas. Deimos es una de ellas y tiene muy poca gravedad. Si tomaras carrera y saltaras sobre Deimos, te pondrías en órbita.

De los planetas restantes, Neptuno tiene dos lunas y Urano posee quince, varias de ellas descubiertas a principios de 1986. A Plutón se le conoce sólo una. Puede ser que aún queden más lunas por descubrir.

¿Cómo predicen los científicos cuándo aparecerá un cometa?

Cada año, aproximadamente 12 cometas rebasan velozmente a la Tierra en su camino alrededor del Sol. Algunos se pueden ver durante días, semanas o meses. Luego desaparecen. Pero muchos regresan, algunos en menos de cuatro años... otros, en más de un millón.

Para predecir cuándo aparecerá un cometa se observa su posición varias veces. Se calcula su velocidad y se establece el ángulo de su trayectoria. De esto se deduce el tamaño y la forma de su órbita. Por último, se predice cuánto tardará el cometa en completar su órbita.

Algunos cometas, los de período corto, regresan en menos de 200 años. Uno de éstos, el cometa Halley, ha aparecido casi cada 76 años desde hace 2,200 años. Los cometas de período largo, como el Ikeya-Seki (abajo) aparecen mucho menos frecuentemente. Este cometa de cola gigantesca se descubrió en 1965; se dice que no regresará hasta dentro de 880 años o más.

Los cometas nos sorprenden. Unos cambian de trayectoria al ser atraídos por la gravedad de algún planeta. Otros chocan contra el Sol, se deshacen o se pierden en el espacio para no regresar jamás.

NASA

¿Por qué tiene anillos Saturno?

Si observas a Saturno con un telescopio, podrás contar cinco o seis anillos girando en torno al planeta. La foto de la nave espacial *Voyager 2* (arriba) muestra aún más anillos. Otras fotos más cercanas han revelado miles de anillos más, anchos unos y estrechos otros, algunos brillantes y otros oscuros.

Los anillos que giran alrededor de Saturno se componen de miles de millones de trozos de hielo. Algunos son del tamaño de un guijarro; otros son como grandes pedruscos.

Aún no se sabe cómo se formaron los anillos de Saturno. Se cree que pueden ser restos de una o más lunas antiguas. Quizá dos lunas chocaron entre sí, haciéndose pedazos, que ahora giran alrededor del planeta. Un cometa pudo chocar contra una luna, rompiéndola. Se han encontrado incluso lunas pequeñas que giran en los anillos.

La imagen que ves aquí tiene colores añadidos por computadora. Los colores nos permiten estudiar los anillos y otras características de Saturno. Saturno y sus anillos son del color del flan.

Otros dos planetas de nuestro sistema solar tienen anillos. Urano tiene diez anillos estrechos, tan oscuros como el carbón. Júpiter tiene por lo menos uno estrecho, casi invisible.

¿Hay vida en otros planetas?

Todos los planetas de nuestro sistema solar son demasiado calientes o fríos para la vida, excepto la Tierra y Marte. Dos naves Viking no tripuladas llegaron a Marte en 1976. Informaron que no había señales de vida. Los científicos creen que, en nuestro sistema solar, sólo hay vida en la Tierra.

Sin embargo, los planetas de otros sistemas solares pueden tener vida. Si la vida existe en realidad, lo más probable es que sea muy diferente a la de la Tierra. El planeta imaginario de la ilustración (abajo) tiene una gravedad enorme. Ésta atrae a los gases hacia el planeta, creando una atmósfera densa y nublada. Las gordas criaturas y las plantas que crecen en el suelo se han adaptado al ambiente. El artista imagina lo que puede existir en otro sistema solar. Nadie lo sabe. Para tratar de comunicarse con otros seres inteligentes, se mandan señales de radio al espacio. Se han mandado también mensajes visuales y grabaciones en naves espaciales, pero no ha habido respuestas.

BARBARA GIBSON

¿Qué es una nébula?

La palabra nébula es latina y significa nube. Esto es justamente lo que es una nébula: una nube enorme de gas y polvo en el espacio. Los atrónomos han descubierto muchas. A simple vista sólo se ven unas cuantas; con un telescopio puedes observar cientos de ellas.

El gas principal de la nébula es el hidrógeno, con algo de helio. En ciertas condiciones en el espacio, el hidrógeno y el helio resplandecen, creando una especie de nébula brillante. En otra clase de nébulas, el brillo viene de las estrellas vecinas, al reflejar el polvo su luz. No todas las nébulas iluminan al espacio; hay veces en las que el polvo absorbe la luz y produce una nébula oscura.

En ambas fotografías de esta página puedes ver combinaciones de nébulas brillantes y oscuras. Los gases resplandecientes de la Nébula Norteamérica llenan el cielo de colores (izquierda). Esta nébula brillante lleva este nombre porque se parece a un mapa de Norteamérica que resalta encima de una nébula oscura: el área que parece el Golfo de México. Los puntos blancos brillantes son estrellas.

La nébula oscura que parece la cabeza de un caballo (abajo), la nébula Cabeza de Caballo, resalta sobre una nébula brillante de color rosado. A la izquierda de la foto puntos blancos que son estrellas brillan envueltos por la nébula oscura.

JOHN A. BONNER, PERSONAL DE LA N.G.S.

¿Qué es una galaxia?

Si pudieras ver a distancia la galaxia de la Vía Láctea verías algo como esto (arriba). Sin embargo, nadie ha visto toda esta galaxia, ya que nadie ha podido viajar tan lejos de la Tierra como para verla. Los científicos usan la información que han reunido para calcular su tamaño y aspecto.

Una galaxia es un grupo enorme de estrellas, con nébulas, planetas, polvo y gas. Nuestro sistema solar es sólo una pequeña parte de la Vía Láctea. La flecha indica dónde se encuentra el sistema solar. Esta galaxia contiene miles de millones de estrellas y muchos miles de nébulas.

Las galaxias se clasifican en cuatro grupos principales. Las espirales, como la Vía Láctea, parecen enrollarse hacia afuera desde el centro. Las espirales barradas parecen galaxias espirales con una "barra" de estrellas que cruza el centro. Las galaxias elípticas tienen forma de una sandía y las galaxias irregulares no tienen forma concreta.

Vistas desde lejos, las estrellas de una galaxia parecen estar muy juntas, pero a las estrellas más cercanas las separan enormes distancias. La luz viaja a 299,793 km/s. La luz tarda 100,000 años en recorrer la Vía Láctea.

Las galaxias son muy grandes, pero se han encontrado agrupaciones mayores: grupos de galaxias llamados enjambres, y grupos de enjambres, los superenjambres. Los telescopios de gran potencia muestran infinidad de grupos de galaxias en el espacio. Estos miles de millones de galaxias forman el universo.

Índice

ROBERTO VILLA / LEO DE WYS INC.

CUBIERTA: ¿Crees que esta gema es un diamante? En realidad, es una imitación de cristal cortado, según los expertos. Los diamantes de imitación son de cristal, cuarzo y otros minerales y piedras artificiales. El diamante genuino tiene un brillo, dureza y dispersión (capacidad de separar la luz blanca en sus colores) extraordinarios. Uno falso, incluso si es de una gema, no puede hacerle competencia.

Los Porqués
DE NUESTRO MUNDO

PUBLICADO POR LA
NATIONAL GEOGRAPHIC SOCIETY
WASHINGTON, D.C.

Gilbert M. Grosvenor, *President*
Melvin M. Payne, *Chairman of the Board*
Owen R. Anderson, *Executive Vice President*
Robert L. Breeden, *Vice President,*
Publications and Educational Media

PREPARADO POR LA DIVISIÓN DE PUBLICACIONES
ESPECIALES
Y DE SERVICIOS ESCOLARES
Donald J. Crump, *Director*
Philip B. Silcott, *Associate Director*
William L. Allen, *Assistant Director*

EDICIÓN EN ESPAÑOL
Pedro Larios Aznar, *Revisión Técnica y Adaptación*
María Teresa Sanz de Larios, *Editora*
Maia Larios Sanz, *Traductora*

Coedición:
Promociones Don d'Escrito, S.A. de C.V.
C.D. Stampley Enterprises, Inc.